食品安全
系列

营养师带你远离

—·食品安全危机·—

孙晶丹 · 主编

U0307367

四川人民出版社

图书在版编目（CIP）数据

营养师带你远离食品安全危机 / 孙晶丹主编. --
成都：四川人民出版社，2017.12
ISBN 978-7-220-10646-0

Ⅰ.①营… Ⅱ.①孙… Ⅲ.①食品安全—基本知识
Ⅳ.①TS201.6

中国版本图书馆CIP数据核字(2017)第311847号

YINGYANGSHI DAINI YUANLI SHIPIN ANQUAN WEIJI

营养师带你远离食品安全危机

孙晶丹　主编

责任编辑	刘　静
责任校对	舒晓利
责任印制	许　茜
装帧设计	深圳市金版文化发展股份有限公司
出版发行	四川人民出版社（成都市槐树街2号）
网　址	http://www.scpph.com
E-mail	scrmcbs@sina.com
新浪微博	@四川人民出版社
微信公众号	四川人民出版社
发行部业务电话	（028）86259624　86259453
防盗版举报电话	（028）86259624
图文制作	深圳市金版文化发展股份有限公司
印　刷	深圳市雅佳图印刷有限公司
成品尺寸	150mm×210mm
印　张	14
字　数	250千
版　次	2018年2月第1版
印　次	2018年2月第1次印刷
书　号	ISBN 978-7-220-10646-0
定　价	45.00元

chapter 1

健康吃第一步，
你的饮食观念都对了吗?

002　**01** ▶ 饮食误区1：牛奶很营养要多喝
004　**02** ▶ 饮食误区2：吃素一定健康
005　**03** ▶ 饮食误区3：多吃海鲜会提高胆固醇
007　**04** ▶ 饮食误区4：喝大骨汤能补钙
008　**05** ▶ 饮食误区5：生食更营养
010　**06** ▶ 饮食误区6：添加剂在剂量内就不必担心
012　**07** ▶ 饮食误区7：野生鱼比较健康
013　**08** ▶ 饮食新主张1：少外食，更健康
014　**09** ▶ 饮食新主张2：健康需要投资
015　**10** ▶ 饮食新主张3：培养孩子正确饮食习惯

chapter 2

专家指路，米面安心买

020　**01** ▶ 粮食类食品风险
023　**02** ▶ 米面安心买

chapter **3**

专家指路，蔬果安心买

030 **01** ▶ 蔬果类食品风险
033 **02** ▶ 蔬果安心买

chapter **4**

专家指路，水产品安心买

044 **01** ▶ 海鲜类食品的风险与选购原则
047 **02** ▶ 海鲜安心买

chapter **5**

专家指路，肉品安心买

058 **01** ▶ 肉品风险与选购
064 **02** ▶ 肉品安心买

chapter **6**

专家指路，蛋奶油酱安心买

074 **01** ▶ 蛋奶油酱的风险
078 **02** ▶ 蛋奶油酱安心买

chapter **7**

专家指路，食品添加剂聪明避

110 **01** ▶ 食品添加剂的风险
116 **02** ▶ 非法添加物

chapter **8**

专家指路，食材去毒有妙招

126 **01** ▶ 食材中的有害物质
160 **02** ▶ 食材去毒5大要诀
162 **03** ▶ 有安全风险的食材

chapter **9**

专家指路，话说转基因食品

174　**01** ▶ 关于转基因食品的说法

175　**02** ▶ 你必须要知道的基改食品风险

177　**03** ▶ 掌握3大步，转基因食物不下肚！

182　**04** ▶ 转基因和杂交的区别

183　**05** ▶ 转基因食品的认知盲区！

185　**06** ▶ 转基因植物油

187　**07** ▶ 植物油最好混合使用

188　**08** ▶ 为什么转基因食品如今不受欢迎

190　**09** ▶ 转基因食品的益处

chapter **10**

专家指路，包装厨具安心选

194 ▶ **01** ▶ 包装材料及其安全性

196 ▶ **02** ▶ 学会看懂食品包装

199 ▶ **03** ▶ 食品包装隐患多多

201 ▶ **04** ▶ 外卖陷阱：小心使用一次性餐盒

203 ▶ **05** ▶ 4种砧板：安全好用大比较

205 ▶ **06** ▶ 7大锅具：谁安全？谁致命？

207 ▶ **07** ▶ 不良餐具：当心毒从口入

chapter **11**

专家指路，外出安心用餐

212 ▶ **01** ▶ 外食原则1：趋吉避凶，必知点菜技巧

214 ▶ **02** ▶ 外食原则2：速食店觅食法则

215 ▶ **03** ▶ 外食原则3：慎选餐具，也能减少毒素摄取

1

健康吃第一步，
你的饮食观念都对了吗？

健康饮食，不只是强调食品的安全，我们还要破除饮食误区，建立正确的饮食安全观念。牛奶很营养要多喝、喝大骨汤能补钙、野生鱼比较健康……这些根深蒂固的观念，你是否怀疑过？下面为大家介绍生活中常见的一些饮食误区，希望能引起重视，予以纠正。

01 饮食误区1：牛奶很营养要多喝

牛奶的营养十分均衡、丰富，常被选作早餐食谱。一般认为，对于成长中的儿童或青少年，以及想预防骨质疏松的女性和老年人，牛奶是他们需要每天坚持饮用的营养佳品。但事实上，牛奶也有它潜在的问题。

牛奶中的抗生素和荷尔蒙

牧场主为了促进乳牛持续泌乳、增加牛乳产量，常对乳牛使用人工合成的催乳激素（荷尔蒙），使其泌乳期延长；同时为了让乳牛保持健康，或治疗因过度挤奶而乳房发炎的乳牛，也常注射或喂食抗生素。这些添加的药剂在进入牛体后，都将循环至其分泌的乳汁中，供人们饮用。

加拿大研究发现，乳牛在注射抗生素和催乳激素后，残留在牛乳中的抗生素及荷尔蒙含量相当惊人；日本研究也发现，这些催乳激素经口服摄取后有10%会进入血液系统；而丹麦研究员在分析了90位2~5岁儿童体内的激素残留后，也发现喝牛奶越多的儿童，血液中生长激素的浓度越高。

此外，还要注意畜牧业者为了避免牧草遭害虫啃食而喷洒的杀虫剂，这些杀虫剂被乳牛食用后会进入牛乳中，进而被我们摄取。另外，环境中的重金属等污染对牛乳品质也有影响。美国的调查发现，九成以上的市售牛奶含有对人体有害的化学物质，而原因则是来自于受重金属污染的河流与土壤。

常喝牛奶并不能预防骨质疏松

　　很多人认为喝牛奶可以补充钙质，并预防骨质疏松，其实这一点并没有科学依据。短期饮用富含钙质的牛奶确实会增加骨质密度，但长期饮用却并不能预防骨质疏松。

　　2003年哈佛大学公布了一项追踪7万名护士长达18年的护士健康研究报告，报告中指出多喝牛奶并不会降低骨质疏松的骨折发生率。此外还有许多调查发现，个人平均牛奶消耗量大的国家，骨质疏松症的比例也高，比如乳制品人均消耗量世界第一的瑞典，其股骨头骨折发生率也是世界第一。

　　牛奶并不只有钙质，还含有动物性蛋白质，而摄取过多动物性蛋白质，体内代谢时会产生酸性物质，反而会从肾脏把钙质带走，也因此喝太多牛奶反而可能导致骨质疏松。此外，牛奶的钙磷比接近1：1，所以在肠胃道中钙磷就中和掉了一大部分，人体的钙质利用率低（人奶钙磷比为2：1，是比较适合的钙质来源）。

02 饮食误区2：吃素一定健康

不知不觉中，生活中吃素的人群日益增多。吃素的方式多种多样，吃素的目的也各有不同。但无论如何，健康的初衷都占据了相当大的比例。然而，吃素就一定健康吗？

其实，科学研究表明，长期素食并不利于健康。因为在素食中，除了豆类中含有丰富的蛋白质外，其他食物中蛋白质的含量均较少，而且营养价值较低，不易被人体消化、吸收和利用。长期素食可造成人体蛋白质和脂肪摄入不足，引起营养失调和脂溶性维生素A、D、E、K以及微量元素缺乏，使机体的抵抗力明显降低，使人易患传染病、骨质疏松、骨折等症。而且，青少年长期素食会影响其生长发育，女青年长期素食可导致过度消瘦，引起月经紊乱或闭经。近年来有研究表明，长期素食还会导致人体内的氨基酸、卵磷脂等营养物质摄入不足，从而影响大脑发育和神经细胞代谢，使人的智力衰退。

保持营养均衡的饮食才是健康之道。那么荤素食品究竟应该怎样搭配才好呢？研究认为，蛋白质应占总热量的10%~15%，动物蛋白质与植物蛋白质之比为1：2，其中，动物蛋白质食品以奶、蛋、

鱼、瘦肉为好，植物蛋白质食品以豆类食品为好；脂肪应占总热量的20%~30%，其中动物脂肪应占1/3；碳水化合物（即日常主食）应占总热量的55%~65%。此外，还要注意增加钙、磷、铁等矿物质和维生素的摄入，多吃新鲜蔬菜和水果。

03

饮食误区3：多吃海鲜会提高胆固醇

很多人认为虾、贝、蟹、蚌等海鲜中含有较多的胆固醇，摄入后会让体内胆固醇升高，通常建议有心血管疾病、尿酸过高或痛风的患者不要食用。但这样的说法其实是错的，这些海鲜其实没有大家想象中的那么可怕。

虾、贝、蟹、蚌含的是固醇，而非胆固醇

这类海鲜多半含有丰富的固醇，因为以前的仪器无法区别胆固醇与其他固醇，所以牡蛎、虾、蟹、鱿鱼等水产品才被误认为是胆固醇很高的食物。事实上这些海鲜只含有少量的胆固醇，甚至比鸡肉的含量还低。此外，固醇类还有降低胆固醇在血管中蓄积的功能，而这正是推翻"吃海鲜会提高胆固醇"的重要原因。

升胆固醇指数

要判断食物对胆固醇的影响，并不能单看食物中的胆固醇含量，还得同时考量食物中的饱和脂肪酸。因为饱和脂肪酸是制造胆固醇的"零件"，有升高胆固醇的作用，对体内胆固醇升高有很大的影响。为了衡量食物对人体胆固醇的影响，营养界提出了"升胆固醇指数"这一概念。

所谓的升胆固醇指数，就是同时计算食物中饱和脂肪酸和胆固醇量所得到的指数，而大部分海鲜的升胆固醇指数其实比牛肉、猪肉、鸡肉都要低，再加上海鲜的胆固醇一般主要集中在头部、内脏，以虾、蟹等海鲜为例，只要不吃虾头和蟹膏，可以说根本不用担心会摄取到过多的胆固醇。不过无论哪种海鲜，想吃得健康还是要注意烹调方式，建议多用煮、蒸的方式处理，并尽量避免或减少调味料的用量，这样才能真正吃出健康。

常见食物升胆固醇指数表

食物（100克）	饱和脂肪酸（克）	胆固醇（毫克）	升胆固醇指数
蛋黄	9.89	1602	90
鸡蛋（全蛋）	3.35	548	30.8
培根	17.42	85	21.8
猪肝	1.43	360	19.5
猪肉（瘦）	9.08	82	13.3
虾、龙虾	0.36	150.6	7.9
牛肉（瘦）	2.81	65.9	6
鸡肉（去皮）	1.15	89	5.6
鱼	1.6~3.22	60~80	3.2~7.2
蟹	0.28	100	5.3
蛤	0.48	63	3.6
干贝	0.31	53	3

04

饮食误区4：
喝大骨汤能补钙

很多人为了补充钙质，会买猪大骨来熬大骨汤。但喝大骨汤真的能补钙吗？专家指出，骨头汤含钙量有限，食用牛奶、豆制品等更为有益。

有记者曾经做过一个实验：将两份大约500克的猪大骨分别用高压锅炖30分钟后，准备了三份样品：一号样品为牛奶，二号样品是加醋的骨头汤，三号样品为不加醋的骨头汤，并送到检验机构检测。实验报告显示：牛奶中的钙含量为1113毫克/升，加醋骨汤为43.2毫克/升，不加醋的骨头汤钙含量只有11毫克/升。实验结果说明喝骨头汤是无法满足正常人每天的钙需求量（800毫克/天）的。

想要补钙，最简单的方式就是煮碗豆腐鱼汤。将鱼和豆腐搭配食用，不但营养互补，还可以促进人体吸收豆腐中的钙，因为豆腐中虽然含有丰富的钙质，但是单独吃并不利于人体吸收，但鱼含有丰富的维生素D，可使人体对钙的吸收率提高二十多倍，再加上鱼和豆腐本身都是营养丰富的健康食材，每天喝能增强人体免疫力，起到强身健体的功效。

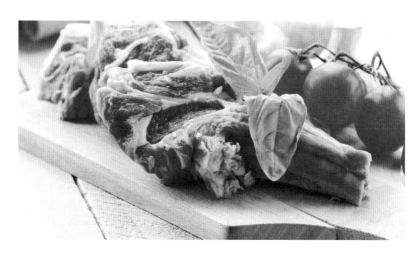

05 饮食误区5：生食更营养

近年来流行"生机饮食"，强调食物尽量不经加工烹调，可减少食物营养素被破坏的几率。其实食物在烹调过程中流失的营养素，不外乎酵素、维生素、矿物质而已；而蔬菜中的酵素主要供植物所用，人体消化系统本身就能制造消化食物所需的酵素，因此唯一损失的就是水溶性营养素。但是为了这些水溶性营养素而生食的话，其实反而可能会引来许多致命风险。

当心寄生虫侵入脑

吃生食的首要风险就是寄生虫，很多寄生虫非常小，用肉眼根本看不出来，所以容易被误食入体内。最常见且危害最大的是寄生在螺和蜗牛体中的广东住血线虫和中华肝吸虫。

广东住血线虫和中华肝吸虫会通过宿主黏液附着于蔬果上，只要螺和蜗牛爬过的蔬果就有风险。广东住血线虫的幼虫会由胃壁、淋巴、右心室、肺动脉而后到达脑部、脊椎、肺部和眼睛，进而导致嗜酸性脑膜炎或脑膜脑炎，严重时有致命危险。而中华肝吸虫则会寄生在胆管、胆囊及肝内胆管中，成虫可在人体内存活长达30年之久，将造成肝胆系统的慢性病变甚至癌症。

此外，许多人以为换成有机蔬果就会比较安全，事实上有机蔬果虽然有农药残留较少的优点，不过正因为农药使用的少，寄生虫问题反而比较严重，就寄生虫问题来说，生食风险反而更高。同时还要提醒，千万不要以为是有机蔬果，就可以现采、现吃而不清洗。

大肠杆菌轻则导致腹泻，重可致命

大肠杆菌是人类和动物肠道中最主要且数量最多的一种细菌，主要寄生于大肠内，且随着宿主动物的排便散布到自然环境中。

大肠杆菌的种类很多，大部分的大肠杆菌属于"非病原性"，但少部分的"病原性"大肠杆菌却相当致命，其中又以出血性大肠杆菌最严重，它会产生毒素，破坏血管内皮细胞，感染会出现严重腹绞痛、出血性腹泻甚至急性肾衰竭等症状，严重时还可能引发溶血性尿毒症而有生命危险。

值得注意的是，因为出血性大肠杆菌在死亡时会释出大量毒素，如果使用抗生素治疗反而会因大肠杆菌死亡释出毒素而加重病情，严重时甚至会导致死亡。

要对付大肠杆菌一点都不难。当食材加热至75℃，并持续1分钟以上就可杀死大肠杆菌了。换句话说，只要避免生食、生饮就能彻底预防。

某些血清型大肠杆菌能引起腹泻。其中肠产毒性大肠杆菌会引起婴幼儿和热带或亚热带旅游者腹泻，出现轻度水泻，也可呈严重的霍乱样症状。

06

饮食误区6：添加剂在剂量内就不必担心

近年来，虽然连续爆发的三聚氰胺毒奶粉、塑化剂、瘦肉精、毒淀粉等事件让人真吃得很不安心，但对照《食品添加剂使用标准》所公布的安全剂量，确定添加剂没有超标后，就又开始毫无忌惮地乱吃了。其实安全剂量不等于安全保障，因为你不会只吃一样食物，而毒素也不会单一存在某种食材里。

毒不会单一存在，如何计算安全剂量

虽然食品添加剂的使用可以参照《食品添加剂使用标准》的规定来正确使用，但值得注意的是，合法使用添加剂的食品也不等同于绝对安全，还存在摄入不同食品时，同一添加剂叠加超量的问题。要把这个问题弄清楚现阶段还比较困难，必须首先建立我国居民膳食暴露量的基础数据库，而我国这方面的研究还是空白。目前我国主要参照国外的实验数据，但这显然不能完全体现中国人群的特点和要求。

建立膳食暴露量的基础数据库并非易事。首先，科学家要选取不同社区、代表性人群，仔细了解居民的膳食结构，即每天吃什么、吃多少，会接触到多少有污染的食品等。接下来，科学家还要结合居民的身体状况等参数，通过一系列公式，计算出居民每天摄入各种添

我国对食品添加剂的种类和剂量都作了规定；一般来说，只要是在规定剂量里边添加的食品添加剂就是安全的。不在种类上的物品不能叫添加剂，只能叫违法添加物质，所以对于食品添加剂大家也不必太过恐慌。

加剂的分量。不过，值得欣慰的是，上海已着手建立膳食暴露量的基础数据库，初步建立的数据库将有几千人的规模，此后将不断扩充。

能排出体外的食品添加剂也要谨慎对待

曾经有这样一种说法："只要多喝水，这些添加剂就能排出体外，不需太担心。"之前在美国牛肉事件中，就曾出现"人体内的瘦肉精一天可排出85%，即使吃到也无须紧张"的说法。对此，稍有医学知识的人士就知道这些说法完全没有科学依据。我们可以举个反面例子：如果按照这个理论，我们甚至可以进食同样能排出体外的塑化剂和三聚氰胺了。

像瘦肉精所含的莱克多巴胺，虽然对人类心血管系统的无可见作用剂量为每千克体重67微克，但这样的标示仅考虑心脏毒性，却没有告诉我们它对生殖毒性或其他健康方面的影响。

07 饮食误区7：
野生鱼比较健康

　　如今养殖鱼类已经成为人们餐桌上必不可少的美食。鱼肉中富含营养物质，其蛋白质、脂肪、无机盐和各种维生素等为人体所必需，但人们在吃鱼的同时，也在担心养殖鱼类的安全问题。

　　对养殖鱼业负面影响最大的当属"孔雀石绿"这一非法添加物。孔雀石绿针对鱼体水霉病和鱼卵的水霉病有特效，现市面上还暂时没有能够短时间内解决水霉病的特效药物，这是孔雀石绿在水产业禁止这么多年还禁而不止，水产业养殖户铤而走险继续违规使用孔雀石绿的根本原因。

　　除了对水霉病有特效外，孔雀石绿也可以很好地用于鳃霉病、小瓜虫病、车轮虫病、指环虫病、斜管虫病、三代虫病，以及其他一些细菌性疾病。由于孔雀石绿中的三苯甲烷具有"三致"（致癌、致畸、致突变）作用，2002年，农业部已将其列入禁用药物清单，禁止用于所有食品。

　　鉴于养殖鱼容易出现的孔雀石绿问题，不少人认为吃野生鱼会比较健康。其实，由于环境污染的存在和不确定性，野生鱼往往可能更容易积聚一些我们完全意想不到的有毒物质。比如，很多鱼类会因为捕食含有毒素的海藻、小鱼小虾而在体内蓄积毒素，常见的有雪卡毒素、河豚毒素等，人类一旦食用这些鱼，就很容易中毒，严重的甚至危及生命。

　　因此，建议大家不要食用来历不明或者比较少见的野生鱼，在大型超市售卖或有安全检验的养殖鱼的安全性要比野生鱼大得多。

08 饮食新主张1：少外食，更健康

忙碌一整天后，很多人会想着在外吃一顿，不仅能省时间，还能好好犒劳自己。但由于众多食品安全事件，不少人不再以小吃摊为主要外食选择，而愿意花更多钱到高级餐厅或饭店用餐，认为这样比较有保障。其实，这不过是自我安慰的假象罢了。

高级餐厅的食物香浓美味，极招人喜爱，这是因为用了很多高脂肪的食材。比如蒸肉饼饭里的猪肉，为拥有丰腴的口感，很多会加入一部分甚至一半的肥膘拌匀，一份的热量就很高。此外，在餐厅吃饭，浓墨酱赤的菜肴被点的几率极大，殊不知这样的菜肴不仅会造成饱满肥腻的不适感觉，还会带来能量过剩、血脂上升、心血管负担加重的问题，而多次加热的油脂本身就含有大量有害物质和致衰老物质。

通常，自己在家炒肉时，无论厨艺多好，牛肉炒后就是褐色的，猪里脊就是灰白色的。这是因为，加热后，肉中的"血红素"被氧化，就会变成褐色或浅灰褐色。可为什么一些餐馆中的肉菜颜色那么鲜艳呢？原来许多餐馆中的肉使用了发色剂——亚硝酸盐。根据国家标准规定，亚硝酸盐可用于火腿肠等熟食制品中，但对于餐馆用来炒菜并没有限制。因此，餐馆在炒肉菜前，会对肉制品"润色"，这样炒出来的肉质鲜嫩，颜色也很好看。有一些餐馆制作的"三黄鸡"也会加入色素，让肉看起来更黄。还有一些凉菜，像海带、海白菜、贡菜等，也是加了相应的合成色素，看上去更加新鲜漂亮。

所以建议大家尽可能选择在家用餐，谨防外食的不健康因素损害身心健康。

09 饮食新主张2：健康需要投资

相信很多人都有这样的无奈，那就是明知道选择有安全检验的食材吃了较安心，却对较高的价格感到却步。那么到底是花不起还是舍不得将钱投资在健康上呢？调查发现，大多数人宁可把钱花在车子和漂亮的衣服上，而不是健康。

养一辆车你得花多少钱呢？从油钱、停车费、保养费，到轮胎、电池等消耗品，若再加上车子的折旧、修理、改装，以及每年要付的各种保险，概括估算下来，你一个月得花3000元来养车子，于是你只好省吃俭用把钱花在照顾车子上。但如果要你把这些钱全花在采购健康安全的食材上，你是不是会嫌贵呢？

为了在生活中避开污染物而增加些许花费，是相当划算的。健康很重要，而且不是免费的。

10 饮食新主张3：培养孩子正确饮食习惯

每个成年人都有责任培养孩子健康的饮食习惯，因为饮食安全必须从自我做起，正如我们常说的"修身、齐家、治国、平天下"，唯有自己做得好，大环境才能因此获得改善。

提到培养孩子健康的饮食习惯，或许很多父母会说：这道理谁都知道，但难在做到啊！的确，没有孩子不喜欢糖果饼干可乐的，而且若能吃速食就绝对不吃家里准备的饭菜。但父母必须铭记的是，只要父母自身的观念和习惯正确，培养孩子健康的饮食习惯并不难。所以第一步父母应该先自我审视，是否常犯以下毛病：

毛病1：你是否常吃炸鸡，饮可乐、啤酒

俗话说"言教不如身教"，父母应该从自己做起，养成健康的饮食习惯，并且杜绝所有不健康的饮食。耳濡目染下，孩子的饮食习惯自然也不会差太多。

毛病2：橱柜里囤满饼干、泡面、鱿鱼丝等

戒除囤积零食的习惯，尤其不希望小孩吃的食物千万不要买。因为无论是禁止他吃，还是藏起来不给他吃，都只会激起他更想吃的欲望。

毛病3：孩子耍赖不吃或吵着要吃时，容易妥协

如今很多家长都太宠孩子，经常忘了自己才是一家之主，既然是家长，就应该由你决定你家吃什么，而不是孩子。如果他耍赖或抗议拒食，不妨由着他去，等他肚子饿了自然会吃你要他吃的，千万不可因此妥协。记住，除非是疾病影响，否则饿了就吃是所有动物的天性，孩子拒食抗议是无法坚持太久的。

此外，要培养孩子健康的饮食习惯，你还可以让孩子学习规划一星期的菜单，并在日常生活中教孩子认识并了解食品标示的意义。孩子下课后，也可以让他和你一起准备晚餐，或是让他一边在餐桌上写作业一边和你分享学校生活的点滴，同时你也可以顺便教孩子认识食材。总之，正确饮食习惯的养成，一定要从日常生活中做起。

想要吃得健康，除了观念要对、主张要对之外，最重要的就是行动上也要确实做对，从采购、保鲜、烹煮到吃进肚子前，每一个环节都得要以"健康安全"为最高指导原则，那么你就能真正打造属于现代人想要的健康饮食生活。

毛病4：让孩子吃没吃过的东西，并要求他吃完

当你端出新食物时，除非是小孩自己拿的，否则不要要求孩子一定要吃光光，不然会让孩子产生抗拒心理。

毛病5：没时间回家吃饭，或是边吃饭边看电视

研究发现，全家人一起吃饭，对孩子的饮食习惯有正面影响。英国调查访问了伦敦52所小学共2400名儿童后发现：每天与家人一起吃饭的儿童，每天摄取的蔬果最符合世界卫生组织的建议量；而偶尔或从不一起吃饭的家庭，儿童蔬果摄取量就差很多。

如果父母每天吃蔬果并均衡摄取各类食物，孩子也会有样学样跟着吃，自然能在无形中培养孩子正确的饮食习惯。还要特别提醒父母的是，吃饭时一定要关掉电视、手机，因为吃饭分心反而会增加肥胖的几率。

chapter

2

专家指路，
米面安心买

　　作为每个人每天都要进食的日常主食——米面，它们的安全与否关系着每个人的身体健康。本章将告诉您买米买面的方法，规避任何影响健康的因素。守护全家人的健康，现在就开始吧！

01 粮食类食品风险

粮食类食品包括粮食和粮食制品。粮食包括谷类、豆类和薯类；粮食制品种类繁多，包括以粮食为主要原料，经烘烤、蒸煮、煎炸、膨化或冷加工制成的直接入口的各种方便食品，也包括挂面、米粉、面粉、淀粉等半成品粮食制品。

粮食风险1：霉菌及霉菌毒素的污染

在我国，粮食的霉菌污染在南方地区较重，北方地区较轻。容易受霉菌污染的粮食主要是玉米和花生；大米、小麦和豆类污染较轻。

黄曲霉最喜欢在玉米、花生中繁殖产毒。1974年印度曾发生过农民因进食发霉的玉米而爆发黄曲霉毒素性肝炎的中毒事件，事件涉及200个村庄，有397人发病，其中有106人死亡，许多村民留下了慢性肝炎后遗症。中毒患者都食用过霉变的玉米。

粮食风险2：农药残留

农药在防治农作物病、虫、草、鼠害，保证农业丰收，提高农产品产量和质量等方面发挥着突出的作用。我国是生产和使用农药的大国，每年化学防治面积达44亿亩次，挽回粮食损失3000万吨。农药防治具有防效好、见效快、使用方便、经济等优点，一直是植保工作中一项最重要、最受农民欢迎的防治措施。尽管全球都十分重视环境污染、农药残留的治理问题，但迄今为止，国内外农药的生产和使用并无减少趋势，因此，农药残留问题将一直是农作物的安全隐患。一旦农药超量不合理使用，势必导致农作物农药残留超标。

粮食风险3：重金属污染

由于工业化的快速发展，其产生的废弃物或废水，以及石化业和废五金燃烧产生之烟雾及落尘，均可能造成土壤不同程度的重金属污染，连带也会污染农作物，所以选购粮食时也要注意重金属污染问题。

大米作为日常生活的主食，曾经就被报道出被镉污染。镉污染大米被人体摄取后，会沉积在肝及肾，引起贫血、肝功能异常及肾小管功能受损。一旦肾小管功能受损，较小分值的蛋白质及钙便会从尿中流失，长期下来将引发软骨症、自发性骨折以及全身到处疼痛的"痛痛病"。

除了镉污染外，可能污染土壤的重金属还有砷、铬、汞、镍、铅等，所以大家务必要注意米面的安全问题。

粮食风险4：仓储期间害虫的损害

仓储期间，仓库温度高，湿度在65%以上，适于虫卵孵化繁殖，害虫在原粮、半成品粮中都能生长。在我国存在50多种仓储害虫，其中甲虫损害米、麦、豆类；飞蛾类损害稻谷；螨类损害麦、面、花生等。害虫可使粮食在短期内变质，严重破坏粮食的营养成分。

粮食风险5：不合理的"加料"

面和大米一样都是我们的主食，但很多人却不知道，即使买回家亲手煮的面，都可能是黑心面，因为要使面更白，更有卖相，多数面条在制作过程中加入的添加物恐怕多不胜数，例如：

❶ 漂白剂：利用漂白衣物及消毒泳池的次氯酸钠和盐酸来漂白面条，吃多了这类的面条，不仅会出现恶心、呕吐等症状，长期食用更会危害身体。

❷ 盐：为了好吃好保存，商家常添加过量的食盐，吃太多会导致中风和心血管疾病。

❸ 纯碱：一种可以增加面条卖相的化学原料，不仅有害健康，同时也会增加钠的摄取量。

❹ 增白剂（过氧化苯甲酰）：可以让面条口感更滑、更白、更有弹性，但过氧化苯甲酰不但会破坏面粉中的维生素A、维生素E，甚至还会转换成苯甲酸、苯甲酸钠，长期累积在体内会引发肝肾疾病。

02 米面安心买

米面是中国人的主食，重要性可想而知，与其他食物一样也存在着被环境污染或人为添加的风险。下面为大家分析各食材的潜在风险，以及安心选购原则。

大米

大米是稻谷经清理、砻谷、碾米、成品整理等工序后制成的成品，营养价值高。其中含有许多对人体有益的营养物质，且吃起来口感较好，在日常生活中大多作为人们的主食，深受人们的喜爱。

🌿 问题大米对身体的危害

❶ 农药残留大米：体内累积过多的残留农药，会造成肝肾负担，可能发展成慢性肝病或有致癌风险。

❷ 重金属污染大米：重金属积蓄体内不易代谢，长期累积易造成中毒。例如：急性镉中毒容易导致毒性肺水肿、呼吸困难、急性肾脏衰竭等症状；慢性镉中毒则会造成肾小管伤害、软骨症及自发性骨折。镉更是一种致癌物质，可能诱发老年人的前列腺癌症。

🌿 选购要点

❶ 正常的大米应洁白透明，色泽明亮、白净，腹白（白斑）的色泽也正常；而陈米的颜色偏黄，表面有白道纹，甚至会出现灰粉状。

② 正常大米的硬度较大，这是因为一般大米的硬度主要是由蛋白质决定的，正常大米的蛋白质含量高，硬度大且透明度也高；陈米中的蛋白质含量相对较少，含水量高，透明度低，且米的腹白较大，腹部不透明。

③ 正常大米有米的清香味；而陈米闻起来则会有霉味或虫蛀味等其他异常气味。

④ 超市购买定型包装的大米，主要观察其外包装是否完整，产品的标签上是否标注了产品的品牌、等级、产品标准号、生产厂家、地址、生产日期和保质期等，没有这些内容的大米最好不要购买。真空包装的大米，如果有破损、进气，就最好不要购买。

🌿 保存方法

① 以密封容器储存，且储放地点必须保持通风干燥，避免直接接触地面，以防湿气。

② 包装大米开封后于室温下保存，两周内食用完为佳。置入冰箱冷藏可维持大米的品质及延长保存时间，但仍应在保存期限内食用完毕。

鉴别掺假大米

陈米冒充新米	有些不法商贩在陈米中掺入水，或者用食用油甚至是矿物白蜡油来进行抛光处理，抛光后的大米看起来非常顺眼，颜色过白、鲜亮、光滑、晶莹剔透。但是掺水后的大米贮存时间很短，一般在半个月内就会发霉、变质。用油和蜡抛光的大米吃起来味道很怪，如果用工业油、工业蜡，还可能对身体产生一定伤害。 鉴别这些大米时，可将少许大米倒入玻璃杯中，注入60℃的热水，盖上杯盖，5分钟后，开盖闻有无异味，如见油腻感，有农药味、矿物油味和霉味等，表明大米已被严重污染，不可食用。
染色大米	有的米粒若呈淡绿色，有可能是以人工色素染色的，用以冒充天然的带色大米、香大米、"绿色大米"，使人受骗上当。可将少许大米倒入盛水的玻璃杯中，观察水有无变色。有的米是用黑色染料染成假黑米，用水泡洗后，正宗黑米为紫红色；假黑米一般为暗红或浅红色，且用水泡洗后很容易脱色，米粒本身还原为白色。
掺假糯米	中籼糯米呈长椭圆形，粳糯米呈椭圆形，均为乳白色，不透明。掺假糯米形状不一致，且煮熟的饭黏性明显下降。还可将掺假糯米用碘酒浸泡片刻，再用清水洗净米粒，糯米为紫红色，而籼米或粳米显蓝色。

Point!

由于保存方式和加工条件的不同，米粒在干燥过程中出现冷热不均，导致内外收缩，失去平衡，即会产生所谓的"爆腰"现象，将会造成大米的商品性明显降低。

玉米

玉米在生长期间，病虫害侵袭不断，特别是夏季更为严重。农户为维持产量及外观，大量使用农药及化学肥料，造成玉米农药残留问题。而玉米表面不平整，颗粒间的缝隙是最容易残留农药之处，尤其农户在生长末期会将玉米外叶拨开，直接施洒农药在玉米粒的表面。

🌿 问题玉米对身体的危害

农药残留玉米：吃下的过多残留农药，会累积于体内，长期下来会造成肝、肾负担，可能发展成慢性肝病或有致癌风险。

🌿 选购要点

1 选购带叶玉米时，外叶颜色以青翠绿者较新鲜，外叶枯黄则表示玉米过熟。无包叶玉米则以颗粒饱满、熟成整齐为要。

2 八九月的虫害较多，此时所栽种的玉米喷洒农药情况更为严重，在此时购买的玉米，需多加留意清洁过程。

🌿 保存方法

1 室温下保持外叶完整、不接触水，放置通风处可保存2 ~ 3 天。

2 若放入冰箱冷藏，可先以报纸或纸袋包覆，避免接触水汽，以免受潮长霉，且冷藏的玉米容易流失风味，尽早食用为宜。

玉米在生长过程中，为使果粒结实饱满，会经过疏果阶段，将发育不全、受病虫害侵袭、生长过密的果实摘掉，玉米笋即为疏果时采摘下来的作物，离成熟期还久，残留药性较强，建议少吃为宜。

红豆

红豆栽培期以秋冬季节为主，约十二月进入采收期，但生长环境过于潮湿或干燥会影响红豆成长。此外，红豆易受病虫危害，开花期及结荚阶段都有此困扰。在采收前期，农民为缩短采收期，会施洒化学药剂加速成熟，因此市售的红豆有残留农药。

问题红豆对身体的危害

若未妥善清除农药、化学肥料，长期食用会使体内累积毒素无法代谢，严重的则引起肝、肾相关疾病并造成慢性中毒。

选购要点

1. 健康红豆的特点是皮薄、色浓、颗粒均匀且带光泽。由于红豆采收前易喷洒农药，尽量选购离采收有一段时间的产品。

2. 散装红豆避免固定在同一地点选购，以选购不同产季的红豆。

3. 选购包装红豆以真空包装为佳；有机产品需有国内检验认证，并留意生产日期、产地、保存期限等。

保存方法

红豆忌潮湿的环境，因此未烹煮前应以保鲜罐封存，并置于通风阴凉处，保持干燥。

若购买的是当季采收的新鲜红豆应将其放置20~30天，使采收前喷洒的农药有充分时间挥发掉。食用前用流动清水冲洗后再浸泡一段时间，冲洗动作可重复2~3次。

3

专家指路，
蔬果安心买

俗话说，"天天五蔬果，健康不显老"，成人每天至少摄取400克、五种不同种类的蔬果才是健康的饮食。但前提是，你吃的必须是安全的蔬果。本章将告诉您辨识蔬果中潜藏的风险，学习专家的科学采购方法。

01 蔬果类食品风险

蔬菜的种类很多，按植物的结构部位分为叶菜类、根茎类、豆荚类、瓜果类、花菜类、菌藻类。水果不但含有丰富营养，且能够帮助消化，有降血压、减缓衰老、减肥瘦身等保健作用。

蔬果风险1：农药残留问题

蔬果的首要安全隐患就是农药残留问题。部分种植者违反农药使用规范，滥用高毒和剧毒农药或接近收获期使用农药，最后出现农药污染的蔬菜也易生虫，且生虫后难以防治。

根据各种蔬菜市场农药监测综合分析，农药污染较重的蔬菜有白菜类（小白菜、青菜和鸡毛菜等）、韭菜、黄瓜、甘蓝、花菜、菜豆、豇豆、苋菜、茼蒿、西红柿和茭白等，其中韭菜、小白菜和油菜受到农药污染的比例最大。

青菜虫害小菜蛾抗药性较强，普通杀虫剂效果差，种植者为了尽快杀死小菜蛾，不择手段使用高毒农药；韭菜虫害韭蛆常常生长在菜体内，表面喷洒杀虫剂难以起作用，所以部分菜农用大量高毒杀虫剂灌根，而韭菜具有的内吸毒特征使得毒物遍布整个株体，另一方面，部分农药和韭菜中含有的硫结合，毒性更强。

蔬果风险2：常使用"农药鸡尾酒"

所谓"农药鸡尾酒"，指的是农夫一次至少混合使用四种农药，就像调制鸡尾酒一般。可怕的是，混合农药的毒性并非单纯相加，甚至可能会成倍数增长。也就是说，如果使用四种农药，毒性至少增加4倍以上，且当中如果有含致癌物与会引发生殖发育病变的农药，混合后的毒性甚至可高过单独使用的500倍。

许多农友认为，这都是为了要有好收成，才不得不使用农药。然而事实是喷洒农药的效率其实非常低，仅仅只有1%进入害虫或细菌体内，其余大部分会进入环境中，对食物链和生态环境造成重大的影响。

一项针对2~5岁儿童的研究结果发现，与生活在远离农药使用地区的孩子相比，生活在使用大量有机磷或其他农药农田周边城镇的孩子，学习能力相对较低，短期记忆能力也较差。

蔬果风险3：施肥错误导致肥料变成致癌物

在给蔬果施肥时还要注意，错误的施肥程序会导致肥料变成致癌物。用氮肥来举例，当植物的根部吸收氮肥后，会转化为自由形态的硝酸离子，并经过同化及光合作用而形成氨基酸；但如果日照不足、氮肥施用过量或蔬菜于晨间采收，来不及让硝酸离子转化为氨基酸，则蔬菜的茎叶便会充满硝酸离子。这种硝酸离子经人体消化吸收后，会还原成致癌的亚硝胺。医学界更有多项研究证实，无论是硝酸离子还是亚硝胺，对人体都有致癌性。

蔬果风险4：蔬果也难逃重金属污染

随着工业迅猛发展，大量的重金属严重污染了农田，我国大多数城市近郊土壤都受到不同程度的重金属污染，有许多地方的蔬菜、水果等食物中镉、铬、砷、铅等重金属含量超标和接近临界值，一些国家和地区已拒绝进口我国被污染的农副产品。

目前，我国受镉、砷、铬和铅等重金属污染的耕地近2000万公顷，约占总耕地面积的1/5。对国内蔬菜重金属污染调查的结果表明，我国菜地土壤重金属污染形势非常严峻。如东莞市及其不同区域菜地的重金属污染，以铅污染最严重；长沙市各主要蔬菜基地生产的13个蔬菜种类铅和镉污染严重，超标率分别为60%和51%。

02 蔬果安心买

菠菜

菠菜的茎叶柔脆滑润，根部呈现红色是一大特征。秋冬盛产的菠菜在种子播种后只需30~40天即可采收，肥厚的叶鞘往往是农药与害虫残留的部位，因此在清洗上必须谨慎处理。

✿ 问题菠菜对身体的危害

吃下的过多残留农药、化学肥料、戴奥辛会累积体内，造成肝、肾负担，严重者可能发展成慢性肝病或有致癌风险。

✿ 选购要点

1. 选购当令季节的菠菜，叶片鲜绿、叶株硬挺、不腐不烂，且不要偏好外观过于完美的菠菜。

2. 如果发现菠菜的叶子比较厚、比较大，而且用手拖住菠菜的根部，叶子能够很好地伸张开来的话，这种菠菜是比较新鲜的，而且保存也比较好，可以选择购买。

3. 条件允许的话可以用指甲轻微掐一下梗，看是不是可以轻易掐动。若是比较鲜嫩的菠菜，通常都是可以很好地掐动的；若是勉强能够掐动，但是有丝连着的话，说明菠菜是比较老的，不建议购买。

✿ 保存方法

菠菜不耐贮存，宜轻拿轻放，用纸包好放入冰箱冷藏，可保存4~5天。食用时取适量部分现洗、现切、现吃。

韭菜

韭菜因其食用部位不同而有不同名称，供食用茎叶的叫叶韭菜，吃花蕾花茎的叫韭菜花，若将韭菜种植在没有光线照射的阴暗处，使茎叶缺乏叶绿素而变黄，称韭黄。韭菜因具有特殊气味，有时被农民利用作为天然的驱虫作物。

问题韭菜对身体的危害

韭菜虽少有虫害，但易生锈病，即叶片出现铁锈色的病斑，因此栽培过程会喷洒药剂在叶片上以预防病害。而韭菜的菜虫（韭蛆）生长在地底下，会咬食韭菜的根，导致韭菜根部腐烂断裂不能生长，因此农民通常会将农药直接灌根以驱逐害虫。

如果农药使用不合理，就会导致韭菜农药残留过多，吃下这样的韭菜会造成肝、肾负担，严重者可能发展成慢性肝病或有致癌风险。

选购要点

1. 选购韭菜时，可轻折韭菜头，用手一折即断，代表品质优良新鲜。
2. 购买成把的韭菜时，最好逐一检查，避免尾端枯黄、叶片腐烂、折伤过多的产品，但不要偏好外观过于完美的产品。
3. 购买有合格标示或有有机认证的韭菜。

保存方法

1. 韭菜忌干燥及水汽，刚买回家的韭菜不宜直接清洗，先剔除烂叶，再用纸包裹后套入塑料袋中，放置冰箱冷藏，可存放2~3天。
2. 久放后韭菜茎叶易枯软黄化、丧失风味，顾及味道及鲜度最好现买现做。

苦瓜

苦瓜依食用颜色可分为白皮种及绿皮种，主要特色是表皮光亮，里面遍布许多疣状凸起物。因采收期长且可连续采收，栽培过程可能施洒农药，加上苦瓜表面凹凸不平，农药易残留其上。

问题苦瓜对身体的危害

吃下的过多残留农药、化学肥料会累积体内，造成肝、肾负担，严重者可能发展成慢性肝病或有致癌风险。

选购要点

1. 苦瓜以其瓜体硬实、具重量感、大小适中、凸起颗粒大、外观色泽光亮且无撞伤者为佳，外表若有药斑或异常化学药品气味者则避免购买。

2. 选购盛产时期的苦瓜，农药用量较少。

3. 如果条件允许，可以剥开看看里面的颗粒是否已经泛红，如果泛红则不宜购买，这样的苦瓜已经老了。

保存方法

1. 苦瓜未切开时可以用纸包好后放入冰箱冷藏；若先清洗，宜对半切开去除蒂头、瓜籽及内部白膜后，用保鲜膜包裹放置冰箱冷藏。

2. 苦瓜不耐保存，置于冰箱存放不宜超过2天，最好买回当天食用完毕。

如果切开以后发现苦瓜籽已经变红，说明苦瓜已经老了，这种炒着吃口感不好，做汤比较合适。需要提醒的是，苦瓜性寒，所以脾胃虚寒的朋友要少吃。

西红柿

西红柿依外观、体型不同，其种类繁多；可鲜食、料理、榨汁，食用用途广泛。西红柿因虫害不断且属连续采收作物，采收期间需依赖农药维持品质，因此农药残留问题相当严重。且西红柿具向肥性，生长期间需不断给予肥料养分，用药、用肥皆重，食用前必须谨慎处理。

✿ 问题西红柿对身体的危害

长期吃下残留在西红柿果实上的农药，堆积在体内容易影响肝、肾脏功能，可能发展为慢性病或引发中毒。

✿ 选购要点

① 选购西红柿时，果实宜饱满有光泽、蒂头不泛黄、果肉轻压有弹性为佳，留意果皮上是否有药斑残留。

② 不要购买带长尖或畸形的西红柿，这样的西红柿大多是由于过量使用植物生长调节剂造成的。

✿ 保存方法

① 存放时将蒂头朝下并分开放置，不可重叠摆放，容易腐烂。

② 尚未完全成熟的西红柿可储放在阴凉处，全熟西红柿则置于冰箱冷藏可延长贮存时间。

如需连皮食用，可使用软毛刷清洗彻底。清洗完毕才可将蒂头去除，以免农药顺着水渗入果实内。先在西红柿底部划十字，放入滚水氽烫片刻，再泡入冷水中可轻松剥皮。

白萝卜

　　白萝卜是根茎类蔬菜，外形呈圆筒状，外形与内肉都是白色，以冬季产量最盛，品质最好。农民或商人为了卖相更好，会添加漂白剂，增加美观，因此挑选安全新鲜的白萝卜应以表皮光滑且略带泥土较安全。

🌿 问题白萝卜对身体的危害

1 有二氧化硫成分的漂白剂，一般人食用过量易造成呕吐、腹泻、呼吸困难等症状；对过敏体质者而言，则可能会诱发气喘、过敏性肠胃炎等症状。

2 吃下的过多残留农药会累积体内，造成肝、肾负担，严重者可能发展成慢性肝病或有致癌风险。

🌿 选购要点

1 选购盛产期的白萝卜，产量丰富且较美味，农药施洒量也少。可选择略带泥土的白萝卜，表示采收期刚过不久且无过多的漂白剂。

2 好的白萝卜外表光滑无裂痕，摸起来有硬度，以手指轻弹白萝卜中端，有实心声音者为佳；亦可以手掌托住，感觉厚重且叶子青绿则为新鲜白萝卜。

3 购买有合格标示或有有机食品认证的蔬菜。

🌿 保存方法

1 由于带叶的白萝卜会吸收水分而加快根部萎缩，因此刚买回的白萝卜需先将上端的叶子从根部切除，也顺带去除大部分残留的农药。再将白萝卜用纸包裹后，可存放于室温下5~7天，若置入冰箱冷藏，可维持新鲜度。

2 切除后未使用完的白萝卜，以密封袋或保鲜膜包裹后再冷藏，否则容易干燥并丧失口感。

莲藕

莲藕是莲花埋在泥土里的地下茎，生长于水底土层中，肥大粗壮，有明显的藕节，中空有孔是为输送生长所需氧气而存在，而莲花结成果实种子后即为莲子。莲藕的采收季节为夏季，有些商人为了外表美观会添加漂白剂，使莲藕洁白，增加卖相，但对健康造成危害。

问题莲藕对身体的危害

1 含有二氧化硫成分的漂白剂，一般人食用过量易造成呕吐、腹泻、呼吸困难等症状；对过敏体质者而言，则可能会诱发气喘、过敏性肠胃炎等症状。

2 环境污染的湖泊会导致莲藕中残留戴奥辛，长期食用会累积毒素于体内，造成肝、肾负担，甚至致癌。

选购要点

1 表皮无损伤，切口要新鲜，藕节长且粗，愈重愈好，内侧的孔要大，孔中不可有污渍，闻起来无化学异味或腐烂味道为佳。并留意莲藕内部是否变色，变色的莲藕容易腐烂，有异味。

2 若在产地挑选，可选择当日刚从淤泥中取出的莲藕，避免漂白。

3 不挑选已经切片处理的莲藕，最好购买整条或整段，较为安全。

保存方法

1 避免多余的水分，最好先擦干，再用纸或塑料袋包裹，放进冰箱冷藏；切过的莲藕应在切口处以保鲜膜包覆，置于冰箱保存。

2 莲藕切开后易氧化变黑，应尽快料理食用。

用海绵或菜瓜布在莲藕上轻刷，去除表面的淤泥及可能残留在表面上的漂白剂。若切开后发现藕洞有泥垢，可用筷子戳出，再用清水冲洗。

豆芽

豆芽一般可用绿豆或黄豆种植，黄豆芽茎较粗，绿豆芽则茎较嫩。但有些商人为使豆芽看起来洁白，采收后会浸泡漂白剂，达到美白效果又可延长保存期，或栽培中使用生长激素使茎部肥大以增加卖相，这些添加物都使得豆芽暗藏健康风险。

问题豆芽对身体的危害

1. 含有二氧化硫成分的漂白剂，一般人食用过量易造成呕吐、腹泻、呼吸困难等症状；对过敏体质者而言，则可能会诱发气喘、过敏性肠胃炎等症状。
2. 食入过量的生长激素，造成肝、肾负担，影响免疫系统，甚至可能引发癌症。

选购要点

1. 新鲜豆芽的芽根略带黑褐色，茎部短而肥壮呈乳白色，折断的声音清脆；泡过漂白剂的豆芽，整体颜色更显惨白，且可能有漂白水味。
2. 不要过于要求豆芽的外观，太洁白、太肥胖的豆芽可能添加许多化学物质，宁愿选择细长带须根、整株完整的豆芽。
3. 购买有合格标示的包装豆芽更有保障。

保存方法

豆芽不耐贮存，先泡水沥干后用保鲜盒或塑料袋包好置于冰箱冷藏，尽早食用为佳。

以清水冲洗后浸泡于水中，除可防止豆芽变黑外，还可溶出多余漂白剂，在料理前去掉须根，除去可能残留在根部的药剂。

西瓜

西瓜属于热带地区作物，喜欢高热少雨的生长环境，因此雨季后上市的西瓜，汁虽多但不甜。西瓜的产期集中在夏季与秋季，冬季的温度低，容易产出瓜皮厚、果肉空心和外表畸形的西瓜，这种情况也会出现在果农使用催熟剂、生长激素或农药喷洒不均时。

问题西瓜对身体的危害

1. 如果食用到过量使用生长激素、膨大剂、催熟剂与农药的西瓜，果肉会有异味或甜味减少，还可能出现急性中毒的症状，如恶心、呕吐、腹泻、腹痛等。

2. 吃下的过多残留农药、化学肥料、戴奥辛会累积体内，造成肝、肾负担，严重者可能发展成慢性肝病，甚至有致癌风险。

选购要点

1. 选购当令西瓜为宜，整颗购买应挑选条纹鲜明散开，果皮光泽且平滑，外表没有畸形与损伤。这种西瓜表示生长环境好，用药也少。

2. 若能破开试吃再购买，要留意果肉状况，果肉空心或尝起来有异味都可能是用药过重。

3. 购买时用手指轻轻地拍西瓜，若西瓜发出的是"咚、咚"的清脆声音，则可判断为生瓜，而发出"噗、噗"的声音则一般为熟瓜。

保存方法

1. 整颗新鲜的西瓜摆放于室内阴凉处可保存2~3周。

2. 剖开后未食用完的西瓜，可用保鲜膜或塑料袋包好，或切片放入保鲜盒中，再放入冰箱冷藏贮存。由于冰箱湿气重，尽快于1~3天内食用完毕，避免变质而影响口味。

桃子

桃子是夏季常见的水果之一，其外形美观，肉质鲜美，在水果类中深受广大消费者的喜爱。但桃子易受病虫害侵袭，且需要大量肥料帮助生长，因此用肥用药重，食用前最好还是除掉残留危险物质较多的果皮，不要带皮一起吃。

问题桃子对身体的危害

桃子的果皮带有茸毛，若清洗步骤不彻底，容易将有害残留物吃进肚里。长期食用易使得农药、戴奥辛积蓄体内，造成肝脏与肾脏负担，引起急性中毒症状或是慢性肝脏、肾脏疾病，甚至有致癌可能。

选购要点

1. 选购桃子以当令为宜，果形大且圆硕饱满，缝合线双边果肉平整对称，果皮的茸毛绵密具弹性，无碰伤、无裂果与虫伤为佳，并且注意有无泡棉保护，有碰伤的桃子容易腐烂而缩短保存期限。

2. 优质桃子尝起来口感较好，酸少、汁多、味甜、香浓。手感过硬的桃子一般尚未成熟，但过软的为过熟桃，肉质极易下陷的桃子则已腐烂变质。

保存方法

1. 成熟的桃子质地柔软，保存不当容易因水分流失造成果皮干皱，可用纸、保鲜膜、塑料袋小心包裹再放入冰箱冷藏。尚未成熟的桃子可以放到冰箱下层，以低温令其慢慢熟透，如果置放于室温则容易发霉腐烂。

2. 桃子的表皮茸毛具有保护作用，未食用前不要把茸毛洗掉，以保留新鲜度。

专家指路，
水产品安心买

水产品是指供人类食用的鳍鱼类、贝类（牡蛎、蛤、螺、蟹、虾等）、头足纲动物（章鱼、鱿鱼）和藻类等淡水、海水产品及其加工制品。现今随着环境的污染，水产品中潜在的安全隐患逐渐增多，本章将告诉您如何购买水产品。

01 海鲜类食品的风险与选购原则

海鲜类是指供人类食用的鱼类、贝类（牡蛎、蛤、螺、蟹、虾等）、头足纲动物（章鱼、鱿鱼）和藻类等淡水、海水产品及其加工制品。

海鲜风险1：持久性有机污染物

水产品除了重金属污染，还有戴奥辛与多氯联苯等有机污染物令人焦虑。因为戴奥辛、多氯联苯会引起女性的乳癌、子宫内膜异位，男性的睾丸癌、精子减少，甚至对儿童的智力发育也有不利影响。日本学者曾做过研究发现，爱吃海鲜的人戴奥辛的摄取量比一般居民高得多，而且他们体内的戴奥辛80%来自海鲜，20%才来自其他食物。

海鲜风险2：市场上的养殖鱼很多都有问题

为什么说市场上大多数的养殖鱼都有问题呢？这是因为除了大环境的污染外，还存在着不合理添加添加物的问题。目前我国大部分的渔船因为设备简陋、冷冻效果不好，为了克服鲜度问题或卖相，必然会使用添加物，例如加了福尔马林的金线鱼、用皂黄染色的假黄鱼，以及加了孔雀石绿的鳗鱼等。

海鲜风险3：重金属污染严重

近年来随着经济与生态非平衡的发展，导致水环境遭到一定程度的破坏，间接地污染了营养丰富的水产品。而水产品中重金属污染已成为国内外人们食用水产品的健康安全问题。如日本的"水俣病"就是由于重金属汞污染鱼贝类所造成的。

重金属是一类典型的累积性污染物，广泛存在于生态环境中，一旦被动物摄食，可通过食物链逐级传递和富集，最终危害人类的健康。铜和锌是生物必需的营养元素，适量的铜和锌对生物体都是有益的，但人体对铜摄取过量则会造成铜中毒，引起急性胃肠炎，损伤红细胞引起溶血和贫血，锌过量会使体内的维生素减少，引起免疫力下降等。

根据外观来选食是现代人很糟糕的一个习惯，总以为颜色鲜艳者就是鲜美者就是鲜美，其实大错特错。因为看起来好看的颜色，很可能是加了漂白剂或经过染色处理，像过白的鲗仔鱼、加了虾鲜的虾子，或以一氧化碳发色处理让水产品看起来肉质粉嫩鲜美等。

有些渔夫为了减少成本，不利用冷冻保鲜设备对捕获的鱼进行保鲜，而是采用便宜的化学保鲜。什么是化学保鲜呢？就是在鱼中加入二氧化硫和甲醛，这种方式不仅可以保鲜，而且还可以保色，使鱼的眼睛永远透明光亮、鳃永远鲜红、皮不起黏液、鱼肉永远有弹性。

食用了这种化学保鲜的水产品，可能会出现皮肤炎、红斑、咳嗽、晕眩、头痛、困倦、恶心、呕吐、视力模糊、过度欣快感、上腹疼痛等症状，严重的甚至可能造成长期昏迷或死亡。

所以买水产品时我们要多闻闻，重点关注鱼鳃部位。因为鱼鳃部位就像个小房间，可稍微凝聚甲醛的气味，挑鱼时不妨掀起鱼鳃闻闻看是否有刺鼻味。如果有，建议别买比较保险。如果鳃有腥味，代表不新鲜，不要买。

科学家发现，爱斯基摩人较少患心血管疾病，这与他们的主要食物来自深海鱼类有关。

02 海鲜安心买

养殖鱼类

养殖环境受到污染，容易在鱼体残留农药、重金属或戴奥辛；养殖户也可能在饲养期间投药以防治病害或促进其生长，致使抗生素或荷尔蒙药剂残留的危机。另外，部分养殖户抽取地下水作为养殖之用，可能使地下水污染物砷残留鱼体。

🌿 问题养殖鱼对身体的危害

① 鱼类残留抗生素，长期食用，人体会产生抗药性、药物副作用。

② 鱼类残留荷尔蒙，长期食用会造成内分泌失调，尤其对青少年和孕妇影响最大。

③ 长期食用含有重金属的食物，会损害身体机能导致各种病变。例如：铅会影响新陈代谢，造成中枢神经异常及造血功能受损等病症；镉是致癌物质；汞则会造成畸胎或流产，使手足麻痹、记忆力减退、听力及言语能力受损；砷会造成神经病变与肾脏疾病等。

④ 长期食用含有戴奥辛的食物可能造成畸胎、孕妇早产或有致癌风险。

⑤ 长期食用受环境中农药污染的鱼类，造成肝、肾负担，并导致累积中毒的现象。

🌿 选购要点

① 选购新鲜鱼类，鱼眼应透明，鱼肉按压有弹性，肉色自然，不过于鲜丽或白皙，略带腥味为正常，但没有过重的腥臭味。

② 选择有信誉的商家或有生产安全认证、检验合格报告的养殖鱼类，品质较有保障。

③ 选择有专业冷藏设备的地方进行购买，避免生鲜鱼肉受温度变化影响而导致腐败。

④ 购买包装鱼类或鱼片时，包装需完整、密封、标示清楚，且有食品安全认证者为佳；冷藏肉品宜留意肉身弹性和肉色是否正常；冷冻肉品应坚硬、无结霜发白现象。

🌿 保存方法

① 生鲜鱼类洗净处理好后，擦干多余水分，用密封袋或保鲜膜密封保存于冷冻库中，约可保存1个月，但要注意风味是否会流失。

② 冷冻鱼类未马上食用，不宜拆封、解冻，买回后立即放入冷冻库保存。

🌿 如何避免有害物质

① 买回的鲜鱼要进行刮鳞（有些鱼类不需去鳞，如秋刀鱼）、剖腹去内脏、去鳃等步骤，也可以请鱼贩代为处理。

② 使用流动的清水，彻底冲洗鱼身及鱼肚。

③ 用热水汆烫溶出剩下的残留有害物质，再进行之后的烹饪加工。

很多人爱吃鱼头，但鱼头容易残留有害环境污染物质，建议少食用为佳，安全起见可以切除鱼头后再进行烹饪。鱼尽量避免长时间泡水，否则会失去风味，可将盐撒在鱼身，或以柠檬皮搓洗表面，除了能去除鱼腥味外，油煎时还可降低油溅的概率。

野生鱼类

不少消费者喜好食用自然野生的鱼类，特别是鲔鱼、鲑鱼和鳕鱼，因其肉质鲜美且烹饪多元而广受欢迎。但是随着海洋遭受污染，受污染海域的鱼类在捕获后送上餐桌，导致消费者可能吃到含有重金属或戴奥辛、多氯联苯等环境荷尔蒙所污染的食物。

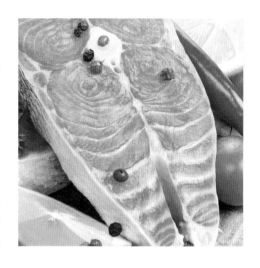

问题野生鱼对身体的危害

1 长期吃到含有戴奥辛的食物，毒素会蓄积体内，可能造成畸胎、孕妇早产或致癌风险。

2 吃下含有多氯联苯的食物，长期累积在体内会形成慢性中毒，严重者会致癌，会伤害生殖系统与神经系统、干扰内分泌系统等。

3 长期食用含有重金属的食物，会损害身体机能导致各种病变。例如：铅会影响新陈代谢，造成中枢神经异常及造血功能受损等病症；镉是致癌物质；汞则会造成畸胎或是流产，使手足麻痹、记忆力减退、听力及言语能力受损；砷会造成神经病变与肾脏疾病等。

4 吃了含甲醛的食物，可能使女性月经紊乱，并使神经系统、免疫系统、肝脏受损，还有致癌风险。

选购要点

1 选择有信誉的商家或经检验合格的野生鱼类，例如选购具有重金属、戴奥辛与多氯联苯的检验合格报告的鱼类。

❷ 选择到有专业冷藏设备的地方进行购买，避免生鲜鱼肉受温度变化影响而导致腐败。

❸ 购买包装鱼类或鱼片时，包装需完整、密封、标示清楚，具有食品安全认证标志为佳；冷藏肉品宜选择肉身有弹性和肉色正常的；冷冻肉品应坚硬、无结霜发白现象。

❹ 选购现捞鱼，鱼眼应透明，鱼肉按压有弹性，无腥臭味，肉色自然不过于鲜丽或白皙。

🌿 保存方法

❶ 生鲜鱼类洗净处理好后，擦干多余水分，用密封袋或保鲜膜密封保存于冷冻库中，约可保存1个月，但要注意风味是否会流失。

❷ 冷冻鱼类未马上食用，不宜拆封、解冻，买回后立即放入冷冻库保存。

🌿 如何避免有害物质

❶ 因甲醛溶于水，因此烹煮前应浸泡15分钟，再用清水冲洗2~3遍，煮熟后食用。虽然浸泡后的鱼肉风味会略微流失，但可安心食用。

❷ 环境荷尔蒙及重金属残留物不易被高温所破坏，但容易堆积于脂肪含量较高的部位，建议避免食用鱼头、鱼皮与内脏，或是少食用大型鱼类。

一氧化碳会与鱼肉中的血红素结合，可保持肉色红润，看似新鲜诱人，有些不法商人为延长售卖期，用一氧化碳处理鲔鱼、鲑鱼等红肉生鱼片，使消费者误判其新鲜度。

虾

不良养殖户为避免虾体感染疾病，会使用抗生素、抗菌剂而造成药剂残留；为延长保存期，会将虾肉泡甲醛后再贩售；为避免捕捞的虾体变色，会使用硼砂避免虾体的外观变黑，或使用亚硫酸盐进行漂白，导致各种有害物质残留在虾体上。

🍃 问题虾对身体的危害

1 长期食用残留抗生素及抗菌剂的食物，会使人体产生抗药性，出现药物副作用。

2 硼砂经过胃酸的作用后会转变为硼酸而堆积在人体内，引起食欲减退、消化不良，而使体重减轻；大量食入会有中毒症状，称为硼酸症，有导致包括呕吐、腹泻、红斑、循环系统障碍、休克、昏迷等危险。

3 甲醛俗称福尔马林，为工业用防腐剂，不慎吃下可能伤害咽喉及肠胃，导致反胃、呕吐，严重者可能休克、致癌。

4 亚硫酸盐为合法漂白剂，加工过程中会产生二氧化硫，食入过量的二氧化硫，可能会造成呼吸困难、呕吐、腹泻等症状，特别是气喘患者容易对二氧化硫过敏，而诱发气喘。

5 长期食用受环境中重金属、戴奥辛污染的虾，会导致累积中毒的现象，形成各种病变，甚至有致癌风险。

🍃 选购要点

1 选购新鲜虾，头部应与虾身连接紧密，虾壳透明且无黏稠物，具有光亮的自然色泽，虾身硬挺而弯曲，且无明显腥臭味。若虾头过于鲜红，可能是使用硼砂或亚硫酸盐以防止变黑。

② 选择有信誉的商家或有生产认证标志、检验合格报告的养殖虾，品质较有保障。

③ 冷冻虾要选择产地、日期标示清楚的产品，以有产销履历认证或生产认证者为最佳。

④ 选购虾仁，挑选当天现剥的虾肉为佳，尽量不要选购整袋连水包装的虾仁，避免可能添加化学药剂作处理。

保存方法

① 买回的生鲜活虾，洗净后分装至保鲜袋放入冰箱冷冻，并在1~2日食用完毕。

② 冷冻虾未马上食用，不宜拆封、解冻，买回后立即放入冷冻库保存。

如何避免有害物质

① 买来的鲜虾或虾仁先浸泡于干净的水中20分钟以溶出甲醛，再用流动清水冲洗虾体。

② 稍微拉开虾头与虾身连接处，插入牙签，往上挑出肠泥。因肠泥是虾尚未排泄完的废物，且可能有重金属残留，清除肠泥后洗净。

　　优质虾的外形完整，呈淡黄色且有光泽，肉质紧密有致，虾尾自然向下卷曲且无异味；劣质虾表面潮润，多呈现灰白或是灰褐色，色泽暗淡无光，肉质疏松或如灰石状。

蟹

我们在购买螃蟹时需留心市面的劣质螃蟹。通常养殖业者为了避免养殖螃蟹感染疾病，会添加抗菌剂及抗生素，可能导致药剂残留；此外，为加速养殖蟹生长，而添加生长激素促使螃蟹脱壳长大，或是注射女性荷尔蒙使蟹黄饱满。

问题蟹对身体的危害

1. 养殖蟹添加抗生素，长期食用易降低人体对病菌的抗病能力，或产生药物副作用。

2. 吃下含有违法抗菌剂如氯霉素、土霉素的养殖蟹，会导致中毒现象，严重者会造成器官衰竭，甚至有致癌风险。

3. 添加女性荷尔蒙的养殖蟹，长期食用会造成内分泌失调，尤其对青少年和孕妇的影响最大。

4. 长期食用受环境中重金属、戴奥辛污染的螃蟹，会导致累积中毒的现象，形成各种病变，甚至有致癌风险。

选购要点

1. 以生鲜活蟹为佳，选择蟹壳结实有光泽、肢体完整、手掂有重量感、口中有泡沫、活动力强的螃蟹。

2. 若蟹脚被捆绑而无法判断，可触摸蟹眼，反应激烈者较鲜活。

3. 蟹的腿都完整无缺，轻拉蟹腿有微弱弹力，表明是新鲜螃蟹；若不新鲜的螃蟹，轻拉蟹腿，不仅没有微弱弹力，而且蟹腿容易断落。

保存方法

1 生鲜活蟹若没有立即食用，应洗净处理完后，用热水煮过，再分切数块，待冷却后以保鲜袋密封，置于冷冻库贮存。

2 冷冻蟹未马上食用，不宜拆封、解冻，买回后立即放入冷冻库保存。

如何避免有害物质

1 新鲜活蟹买回家后可先置于冰箱冷藏或浸入放有冰块的清水中，使其进入休眠状态，再在流动的清水下，用刷子或牙刷清洗螃蟹外壳。

2 用手或剪刀掀开腹部的蟹盖，挖除鳃及内脏，并去除眼睛、口部后，再用刷子在清水下清洗蟹壳。

3 将洗干净的螃蟹放入热水汆烫，以溶出有害物质，再做之后的烹调使用。

螃蟹死亡超过一小时，体内的组氨酸就开始释放毒素，食用后会造成食物中毒，因此买回来的生鲜螃蟹最好立即烹煮食用。

咸鱼

　　咸鱼是指用盐腌渍后晒干的鱼。以前因为没有低温保鲜技术，鱼很容易腐烂，因此世界各地沿海的渔民都以此方法保存鱼。现在市场上有各种各样风味的咸鱼，其风味独特，且可长期存储，深受广大消费者的喜爱。

🌿 问题咸鱼对身体的危害

① 咸鱼中的亚硝酸盐成分较多，过多食用咸鱼会造成这些亚硝酸盐进入到身体中，造成癌变。

② 咸鱼制作时在风中进行风干，这样或多或少地接触到一些污染物，造成霉变。

③ 咸鱼表面有红色的斑点，往往就是赤变导致的，需要大家多加注意。

🌿 选购要点

① 优质咸鱼色泽鲜亮；次质咸鱼色泽暗淡，不鲜明；劣质咸鱼表面发黄或是发红。

② 优质咸鱼外形完整，无破肚或是骨肉分离的现象，体形平展，无污物，无残伤；次质咸鱼鱼体基本完整，但可能有少部分变成红色或是轻度变质，有少量残鳞或污物；劣质咸鱼体表不完整，骨肉分离，残鳞及污物较多，有霉变现象。

③ 优质咸鱼肉质紧密结实，有弹性；次质咸鱼肉质稍软，弹性较差；劣质咸鱼肉质疏松且易散开。

④ 优质咸鱼闻起来会有咸鱼所特有的风味，咸淡适宜；次质咸鱼闻起来会有轻度的腥臭味；劣质咸鱼则具有明显的腐败臭味。

🌿 保存方法

　　在咸鱼上面撒些花椒、生姜、丁香等，放在阴凉、通风、干燥的地方。也可以把剥开的大蒜瓣铺在罐子下面，把咸鱼放进去，将盖旋紧，能保存很长时间不会变质。

chapter

5

专家指路，
肉品安心买

肉品所受的有害物质污染，大部分来自注射、直接涂抹或添加在饲料中的生长荷尔蒙或生长性药物、抗菌性物质及预防疾病的药物，而且喂食的农作物中若残留有机农药，会经年累月积蓄在动物身体中。本章将告诉您如何购买肉品。

01 肉品风险与选购

　　肉类食品是人类的重要饮食组成。人类食用的肉主要来源于饲养的畜和禽。肉制品是肉及部分内脏等副产品经加工而成的，种类繁多且各具特色，包括腌腊、干制、灌肠和熟肉等。

牛肉风险：瘦肉精＋疯牛症＋荷尔蒙

　　随着欧美地区疯牛症、瘦肉精等事件的频发，人们对牛肉的热情逐渐走低，我国也一度终止美国的牛肉贸易达14年之久。如今我国虽然恢复了与美国的牛肉贸易关系，但市场反馈回来的信息还是让牛肉受到冷遇。究其原因，还是牛肉的安全风险让消费者望而却步。

瘦肉精

　　瘦肉精是一种乙型交感神经受体致效剂药物，将这类药物添加于动物饲料中，能加强脂肪的分解、促进蛋白质的合成，进而增加动物的瘦肉量，达到降低成本、提高利润的目的。瘦肉精依成分至少有四十余种，如沙丁胺醇、莱克多巴胺等。

　　目前全世界只有少数十几个国家可以合法使用瘦肉精，其他一百多个国家都早已规定不能使用。鉴于瘦肉精能提高牛肉的品质诱惑，不排除有些商人非法使用瘦肉精的可能。瘦肉精对人体的害处虽然还未证实，但通过动物实验发现，瘦肉精有促使心跳加速、心律不整甚至心脏麻痹的危险，并且会使雄性出现雌性的性征，雌性则会提高患癌风险。从医学的基本原则"未证实安全就是危险"出发，我们必须重视瘦肉精的隐藏风险。

疯牛症

疯牛症病毒是一种变异性蛋白，不怕热，无法用煮沸的方式杀死，所以除了不吃，别无预防方法。如果人们误食了有疯牛症的牛肉，除了脑部会海绵、空洞化，死亡率百分之百外，更可怕的是，亚洲人种是疯牛症的高风险族群。根据调查研究发现，罹患疯牛症的病患，体内都有编号为129的基因，其中，美国人约有40%~50%的人有此基因，日本、韩国有94%，我国则高达98%，因此感染疯牛症的几率是欧美国家的两倍。

荷尔蒙

除了瘦肉精、疯牛症外，牛肉中还有一个必须注意的问题，那就是大部分美国牛都会使用荷尔蒙（三种天然的，两种合成的）。荷尔蒙不仅能增加牛的体重，肉质也会更好。正是因为这样，我们可能会忽视了荷尔蒙带来的安全隐患。

研究指出，每周吃七份以上牛肉者，罹患大肠直肠癌、胃癌、胰脏癌、子宫癌、卵巢癌及乳癌的风险都会明显提高，所以最好避免。或许你认为，只要不选美国牛肉，就不会吃到问题牛肉了，但实际上要求商人必须标示产地，其实只能规范老实守法的人而已。所以牛肉的安全性，大家必须谨慎以待。

猪肉风险：瘦肉精＋黄曲毒素

相较于牛肉，猪肉的普及率更高，因此，添加有瘦肉精的猪肉对人群的健康损害更突出。曾经流传着这样一句话：猪肉在瘦肉精问题上，不是特别好，就是特别坏。为什么呢？因为牛肉比较贵，猪肉较便宜，所以在使用瘦肉精时，牛肉使用毒性较低、价格较高的瘦肉精的概率大，而猪肉则可能用到毒性高、价格低的瘦肉精。此外，想让猪变瘦还有另一个方法，那就是让它吃潲水。

虽然这种增加猪肉瘦肉率的传统方法沿用了几千年，但它在南方地区使用对猪肉可能就有安全隐患了。我们知道，当温度超过11℃，霉菌就会开始生长，而南方不仅潮湿，而且全年平均气温高于11℃，所以收集来的潲水一定会含有霉菌，虽然这些潲水在给猪吃之前会先煮过，但无法杀死霉菌毒素，因此猪在吃了潲水之后，体内便带有这些霉菌毒素，其中甚至可能含致癌物——黄曲毒素。

黄曲毒素不仅毒性很强，而且没有一个安全的每日摄取量标准，也就是说，不管摄取多少对人体都有伤害，这也正是潲水猪肉相对高风险的原因。

鸡肉风险：抗生素＋生长激素

目前市面上吃到的鸡肉，大多数是养殖鸡，而养殖鸡最大的问题就是抗生素滥用。以美国为例，全美国的所有养殖鸡从孵化到宰杀，成长过程中全都服用抗生素。而国内进口与自制的抗生素，大多数都是用在了养殖业上，可见养殖鸡滥用抗生素的严重性。

为什么要使用抗生素呢？除了可以让鸡不生病外，它还可以增加饲料转换率，也就是提高饲料转变成鸡肉的效率。我们一旦吃了残留抗生素的鸡肉，短时间内虽然看不出明显症状，长期下来却会破坏肠道菌群生态，甚至提高罹患癌症的风险。

鸡肉除了抗生素滥用的问题外，生长激素的滥用也逐渐被人们关注。试想一下，一只小鸡只需要二十六天就能长成三千克左右的成年鸡，你还敢吃吗？由于鸡肉中残留的抗生素和生长激素，长期食用不仅危害健康，还可能致命。

选购肉类大原则：

五花肉油脂不可太薄	购买猪肉时，不妨看看它的五花肉的肥油是否只有薄薄一层，如果是的话，就代表可能有瘦肉精或喂潲水的风险，最好避免购买。
牛肉一定要选真空包装	市场上售卖的牛肉大多是喂食谷物的谷物牛，其肉质中的饱和脂肪酸已经高达80%，是猪肉的两倍，倘若非真空包装，肉就会持续氧化，其饱和度也会跟着提高，换句话说，你吃下肚子的就可能不只有瘦肉精、抗生素，更含有近10%的饱和脂肪酸。医学研究证实，饱和脂肪酸对心血管疾病的影响并不亚于胆固醇。
鸡腿骨太细的鸡千万别买	鸡有没有用药很难从外观来判断，唯一可以留意的是，如果因过度用药而导致养殖鸡快速生长，就会出现长肉不长骨的现象，也就是骨骼会显得比较细，但鸡肉组织却相当肥厚，这一点在鸡腿部位特别明显，所以若吃到骨头细小但肉却很多的鸡肉，可别太过高兴了。

 一般情况下，含有"瘦肉精"的猪肉特别鲜红、光亮。因此，瘦肉部分太红的，肉质可能不正常。

不买肝、肾、肺	动物的肝脏、肾脏属于代谢毒物的器官，一旦添加药物，这些部位的含量最高，例如瘦肉精在肝脏就是其他部位的5~10倍。所以除非经过详细检查，否则无论是猪、牛、鸡，内脏都最好别吃。
购买具有完整检验的肉品	想要吃到放心肉品，唯一的办法就是选择经过完整检验的产品，因为肉品用药与否大多无法用肉眼从外观判断，所以唯有信誉良好的商家加上完整检验，才能真正保证肉品质量。
肉品包装也要注意	严格来说，所有肉品都应该采用真空包装以避免氧化。其中在包装材质上，最好采用不含塑化剂的HDPE材质较有保障。至于一般超市常见以保丽龙盒覆盖保鲜膜的非真空包装肉品，由于肉品本身的油脂会溶出保鲜膜中的塑化剂，所以除了肉质氧化严重，同时还受到塑化剂污染。

02 肉品安心买

猪肉

畜牧业者为增加肉猪的生长率与疾病抵抗力，可能滥用生长荷尔蒙、瘦肉精、抗生素、杀菌剂等物质，加上饲料或喂食的农作物若受到农药或戴奥辛的污染，这些有害物质都可能囤积在猪肉、脂肪与内脏里，特别是主管代谢功能的肝脏可能残留更多的毒素。

🌿 问题猪肉对身体的危害

1. 长期食用残留有抗生素、杀菌剂等物质的猪肉，可能会引发过敏、肝功能退化，严重时甚至会使人体内的病原菌产生抗药性，影响免疫系统或有致癌风险。

2. 吃下的过多残留农药、戴奥辛会累积体内，造成肝、肾负担，严重者可能发展成慢性肝病或有致癌风险。

3. 猪肉残留荷尔蒙，长期食用造成内分泌失调，尤其对青少年和孕妇影响最大；而食用过量的瘦肉精，可能会产生心悸、头晕、神经系统受损等症状。

🌿 选购要点

1. 新鲜猪肉呈带光泽的淡粉红色或玫瑰红色，肉质鲜嫩有弹性，无黏液、少渗水、没有腥臭味。若颜色偏苍白或呈褐色，表示肉质已不新鲜。

② 在传统市场选购猪肉时，最好在有固定摊位的肉商处购买，流动摊贩可能价格较便宜但品质不能得到保障。

③ 查看猪肉表皮是否有检疫印章，尽量不要在无证小摊处购买无检疫印章的猪肉。

🌿 保存方法

猪肉不耐室温保存，容易滋生细菌与变质，尚未食用的猪肉在清洗后，用有盖容器或塑料袋妥善包装再放入冰箱中贮存，冷藏可保存2～4天，冷冻可长达1个月，但为维持新鲜度，还是尽早食用为佳。

🌿 如何识别注水猪肉

① 注意观察销售猪肉的肉案上是否是湿的，且有过多的积水，留意肉贩是否会随时用抹布在擦拭。

② 注水猪肉含有多余的水分，导致肌肉色泽变淡，或呈淡灰红色，有的偏黄，肌肉显得肿胀，且从切面上看湿漉漉的。

③ 正常的猪肉闻起来会有猪肉本身的气味；而注水肉则会散发出异味。

④ 可用手触摸猪肉，查看肉是否光滑，是否粘手，有无弹性；再用刀剖开，摸上去是否能感觉到有明显的水分或冰渣（冷冻猪肉时会有）。

⑤ 取一干净的纸巾贴在猪肉的切面上，约一分钟后揭下，进行观察，若纸巾接触猪肉后立即被浸湿且其余没有贴在猪肉上的部分也被浸湿，再用火点燃发现没有明火甚至不能点燃，则可判断该肉为注水肉。

🌿 如何识别瘦肉精猪肉

① 正常瘦肉型的猪肉，呈淡粉红色、湿润、富弹性；含瘦肉精的猪肉的肉色则异常鲜红，甚至为暗红色，纤维比较松散，时有少量水渗出。

② 查看猪肉是否有脂肪层，如果该猪肉皮下即为瘦肉，或脂肪极少，则此猪肉有可能为瘦肉精猪肉。

牛肉

在牛的饲养过程中为了预防疾病及促进生长，会在饲料中添加抗生素、杀菌药物、生长荷尔蒙、瘦肉精等药剂，或过量施打抗生素、生长荷尔蒙。此外，若饲料或牧草遭受环境污染，农药、戴奥辛等毒素容易残留在牛体内，而这些有害物质易囤积在脂肪含量高的部位及内脏中。

问题牛肉对身体的危害

1 长期食入残留有抗生素、杀菌剂等物质的牛肉或牛内脏，容易引起过敏，使体内的病原菌产生抗药性，造成肝脏与肾脏负担而引起病变。

2 吃下的过多残留农药、戴奥辛会累积体内，造成肝、肾负担，严重者可能发展成慢性肝病或有致癌风险。

3 牛肉残留荷尔蒙，长期食用造成内分泌失调，尤其对青少年和孕妇影响最大；而食用过量的瘦肉精，可能会产生心悸、头晕、神经系统受损等症状。

选购要点

1 新鲜的牛肉呈现带有光泽的鲜红色，肉质坚韧有弹性，牛肉条纹纤细，无过多血水渗出，闻起来无异味者为佳；若脂肪泛黄，有血水渗出，可能已经不新鲜。

2 购买国产牛肉除了要挑选有信誉的合格商家外，还需认准合格标志。选购进口牛肉，要注意产地与官方文件，以确保食用安全。

保存方法

① 牛肉是生鲜食品，低温可以延长保存期限，但尽早食用为宜，避免反复解冻而影响牛肉品质。

① 买回的牛肉可依照所需分量切割，再分别用有盖容器或塑料袋妥善包装，置于冰箱冷藏可保存3~4天，冷冻可保存1个月。

如何识别注水牛肉

① 正常保鲜的牛肉颜色呈鲜红色，表面比较干燥，没有汁液流出；而注水牛肉的颜色较暗淡，会有一些血水流出。

② 用刀将牛肉割开，若是在很短的时间内牛肉中就有汁液或血水流出，则为注水牛肉；而正常的牛肉没有血水或汁液流出。

③ 正常的牛肉很有弹性，用手按下去之后会很快恢复；而注水牛肉的弹性较差，用手按下去之后不能迅速恢复。

④ 用餐巾纸贴在牛肉上，若是注水牛肉，餐巾纸会立即变湿；若是正常牛肉，则餐巾纸不会变湿，只有油脂粘在上面。

　　不法分子往牛肉里注入的往往是污水，并混入杂质，使牛肉里的纤维组织变性，不但肉质不好、易腐烂、口感差，而且营养价值大大降低。

🌿 如何识别劣质牛肉

① 优质牛肉用手摸起来不粘手，用指压后出现的凹陷能够立即恢复；而劣质牛肉用手摸起来很粘手或是很干燥，指压后的凹陷不能恢复，并且留有明显的痕迹。

② 正常牛肉闻起来具有牛肉所特有的正常气味；而变质的牛肉闻起来有腐臭味。

③ 优质牛肉熬成的汤汁透明澄清，脂肪团聚浮于表面，具有一定的香味；而劣质牛肉熬成的汤浑浊，有白色或黄色絮状物，浮于表面的脂肪极少，有异味。

④ 正常牛肉的肉质均匀，呈红色且有光泽，脂肪部分呈洁白色或乳黄色；而劣质牛肉的肉质呈暗红色，无光泽且脂肪部分发暗。

　　由于热水比冷水更能有效释出有害物质，在汆烫牛肉片时，建议多涮几下溶出有害物质，也避免生吃或半生食牛肉，并且适时更换涮肉的肉汤或佐料。

鸡肉

在饲养过程中，若喂养鸡的饲料、菜叶受农药及戴奥辛污染，这些有害物质便容易囤积在鸡体内。由于鸡肉的脂肪含量较低，脂肪大多分布于鸡皮或皮下，此两处也较易残留脂溶性的农药与戴奥辛。

🌿 问题鸡肉对身体的危害

① 长期食用残留有抗生素、抗寄生虫药等物质的鸡肉或鸡内脏，容易引发过敏，使人体内的病原菌产生抗药性，造成肝、肾脏负担而引起病变。

② 吃下的过多残留农药、戴奥辛会累积体内，造成肝、肾负担，严重者可能发展成慢性肝病或有致癌风险。

🌿 选购要点

① 选购鸡肉以新鲜为主要原则，宜选鸡皮紧绷、平滑，肉质柔软有弹性，肉色呈现淡粉红色有光泽，没有不良气味，没有骨折、异物等为佳。

② 在传统市场选购鸡肉，最好向有固定摊位的肉商购买，流动摊贩可能价格较便宜但品质较无保障。

🌿 保存方法

鸡肉易腐败，买回的鸡肉如果不马上食用，建议将血水清洗干净后，视每次所需烹调分量，用塑料袋或保鲜袋分装再置于冰箱冷藏或冷冻，可防止鸡肉在冰箱中散失水分，冷藏可保存1~2天，冷冻可保存1个月左右。为避免肉质风味改变，尽早食用为佳。

如果发现鸡的翅膀后面有红针点，周围呈黑色，肯定是注水鸡；如果用手掐鸡的皮层，明显感觉打滑，也一定是注过水的。

香肠

香肠的制作是一种非常古老的食物生产和肉食保存技术，一般是将禽畜的肉绞碎成泥状，再灌入肠衣制成的长圆柱体管状内。香肠的类型有很多，主要分为广味香肠、川味香肠和北方香肠。随着制作工艺的进步，现在一年中的任何时候都可以吃到香肠了。

选购要点

1. 优质香肠的肉馅呈红色或玫瑰红，脂肪则微微发红或是呈现白色，且横切面富有光泽；而劣质香肠肉馅颜色灰暗，脂肪呈现黄绿色或黄色，且横切面无光泽。

2. 优质香肠肠衣完整、干燥、紧贴肉馅且表面有光泽；而劣质香肠的肠衣湿润、发黏、易与肉馅分离且易撕裂，表面有很重的霉点迹象，擦拭后仍会留有痕迹。

3. 优质香肠肉质紧密、富有弹性且切面平整，而劣质香肠则组织较疏松、中心较软，弹性较差且切面不整齐。

4. 优质香肠闻起来会有肉类所特有的风味，而劣质香肠则会有明显的脂肪酸败味或其他异味。

香肠制作保存指南

1. 香肠做好后，一般将其挂在通风较好的地方晾起来，若发现里面有气泡，则可用针刺排气。制作时每隔12厘米左右为1节，进行结扎，两天后再翻转一次。

2. 香肠的晾晒时间要取决于风力、温度等因素。一般7~10天即可，若是即时食用的话，3~4天后就可以了。香肠不宜晒得太干，否则口感就变差了。

3. 若要进行长期保藏，可将晒干后的香肠用塑料袋包好，放进冰箱里速冻或冷藏。或是用棉签蘸上少量花生油均匀涂在其表面，悬挂在10℃以下阴凉处，也可保存较长时间。

火腿

火腿是经过盐渍、烟熏、发酵和干燥处理的腌制动物后腿，一般用猪后腿制成。现在以浙江金华和江苏如皋、江西安福与云南宣威出产的火腿最有名。此处按照金华火腿的标准叙述。

选购要点

1 正宗的金华火腿的每只腿上均有一个脚环，红色的即为一级或是特级品，黄色的为二级或是三级品。

2 正宗的金华火腿的黄亮表皮上有着"浙江省食品公司制"等字样，该字样是采用特制的中药印上的，因此用水擦、洗均不褪色。

3 金华火腿用刀切后其断面处脂肪洁白、肉色红润、骨髓呈桃红色。

4 用一根竹签刺入火腿的关节附近的肌肉中，拔出后可闻到一股火腿特有的清香味。

火腿的处理与保存

火腿使用之前，先用刀去除表面氧化层，再用温水浸泡3~4小时，这样方便清洗和逼出一部分咸味，再加料酒、姜片焯水去异味，处理完后火腿就可以用于下一步烹饪了。

火腿属于发酵食品，开封后未使用完部分建议用色拉油或者食用油涂抹，避免空气氧化，常温保存或者放入冰箱冷藏室保存即可。

金华火腿采用传统工艺直接用盐腌制发酵而成，不可以直接吃，建议使用蒸、煮等方法进行烹饪。火腿烹饪时切忌与辛辣调味品一起，如花椒、桂皮、辣椒等，否则会压倒火腿独有的清香。

专家指路，
蛋奶油酱安心买

蛋、奶、油、酱料都是日常饮食常用食材，重要性皆不容忽视。这些食材同样存在着环境污染或人为添加的风险。本章将为大家分析各食材的潜藏风险，以及如何破解风险、安心购买。

01 蛋奶油酱的风险

　　我国蛋类食品以鸡、鸭、鹅、鹌鹑、鸽子等家禽生产的蛋为主，其中以鸡蛋、鸭蛋为原料加工制成的蛋制品较多。食用油、酱料在日常烹调中运用较频繁，在购买时需认真仔细。

蛋的风险：抗生素、禽流感病毒

　　如果对鸡大量使用抗生素，连带也会影响蛋的品质。曾经台湾就爆发了市售便当中鸡蛋含有氟灭菌、甲磺氯霉素及氟甲磺氯霉素等抗生素，而这些便当不仅供应超市，甚至还包括学校及企业。此外为了防范禽流感，很多民众会改买洗选蛋，其实洗选蛋在清洗时也把鸡蛋最外面的保护薄膜一并洗掉，虽然干净，但如果没有适当保存，仍有微生物感染风险。

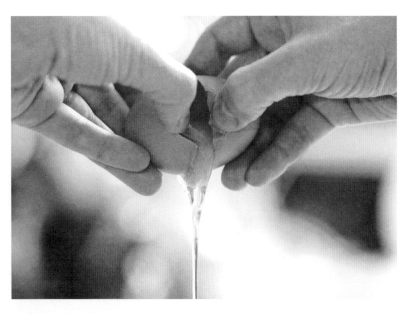

酱料风险：化学酱油市场泛滥

　　我国美食博大精深，用到的酱料多不胜数，其中最常使用的莫过于酱油了。不过，在毒淀粉事件引爆的一连串问题中，酱油也上了黑心食品排行榜。对酱油稍有了解者会发现酱油的品种多达数十种，除了品牌外，还有纯酿、天然、甲级、优等各种名目，价格也从几元到数十元都有。这些酱油到底有什么差别呢？

　　其实关键就在制造方式与原料。好酱油一定是酿造、长时间发酵而成的，也就是酿造酱油，而酿造酱油又依原料而有等级之分，最好的是将黑豆、黄豆放入大缸内，经过日晒慢慢发酵至少120~300天，这就是纯酿造酱油；另一种则是以较廉价的脱脂黄豆粉为主要原料，依同样手法酿造而成，不过因为脱脂黄豆粉少了黄豆的油脂，所以风味与营养当然也会大打折扣。

　　但大多数酱油工厂为了大量生产、快速制造并降低成本，会将脱脂黄豆粉加盐酸分解后再以苏打中和，制成所谓的化学酱油。这种化学速成的酱油，制作过程只要3~7天，且因为没有酱油的风味，所以还必须另外加入化学调味料才能制成。正因为化学酱油风味不佳，所以后来陆续又研发出将酿造酱油与化学酱油混合再进行发酵，以及将化学酱油与酿造酱油或速酿酱油混合的酱油。

　　让人忧心的是，化学酱油在用盐酸水解脱脂黄豆的过程中，会产生致癌性的单氯丙二醇，即使食品大厂改善工艺，也只能减少生成量。此外，加了化学酱油的食物在烹饪时，温度每升高10℃，其中的单氯丙二醇就会增加2~3倍。

　　烹调食品时加入一定量的酱油，可增加食物的香味，并可使其色泽更加好看，从而增进食欲。酱油易霉变，在夏日一定要注意密闭低温保存至阴凉处。

米蛋奶酱选购大原则

　　日常生活食材，除了鱼肉蔬果外，米蛋奶酱也是人们每日必吃的食材。懂得下面几个基本的选购原则，就能为安全基本把关了。

面条、面粉等面制品选购重点：颜色微黄、冷藏后变暗、有淡淡面粉味

　　购买面条、面粉等面制品，首先一定要看颜色，正常的面制品是微黄色，颜色太白的面条可能经过漂白或增白。其次建议可以闻一闻，正常的面制品应该只有清香的面粉味，有异味甚至刺鼻味的就有问题。此外，面制品放入冰箱后颜色会稍微变暗，冷藏可保存5~7天，冷冻最多也只能存放1个月，如果长时间放在常温下都不腐烂，或是冷藏了数月都不会坏，就不是正常的面制品。

蛋选购重点：气室小、体积小、蛋壳粗、有冷藏保鲜

　　选蛋的第一步就是将蛋对着光看，透过光线观察蛋的气室大小。如果气室越大，代表越不新鲜。因为无论是否有受精，蛋的细胞都是活的，因此时间越久，气室就越大，其营养价值也会随之降低。

　　除了气室，外观上建议挑选体积小、蛋壳粗的蛋，因为年轻母鸡的蛋比较小、蛋壳比较粗，但营养价值却比较高；而老母鸡的蛋不仅大，且蛋壳平滑，虽然看起来讨喜，不过营养价值却比较差。

　　最后建议选择有冷藏控温的蛋，由于蛋可以放很久，所以店家多半常温保存，这样的蛋虽然没有坏，不过因为蛋黄细胞会消耗养分，温度越高代谢越快，所以室温储藏会造成营养耗损，建议最好冷藏保存。

> **酱油选购重点：摇晃后泡泡可维持约24小时、使用玻璃瓶装**

前文了解了酿造酱油与化学酱油的差别后，到底我们该如何挑选纯酿造酱油呢？

❶ **看瓶子**：由于酿造酱油没有添加防腐剂，一定要经过高温灭菌、高温装瓶，所以只能使用玻璃瓶、金属盖封装；而化学酱油则以塑胶瓶居多。

❷ **看泡沫**：摇晃酱油瓶观察酱油所产生的泡沫，酿造酱油的泡沫多、细致且不易消失，而化学酱油的泡沫大且少。

❸ **看沉淀**：酿造酱油瓶底可能会有豆渣沉淀，化学酱油则没有。

❹ **闻气味**：酿造酱油不仅有温和的豆麦香，且因为是发酵产品，所以有时还会有微微酒香；而化学酱油不仅没有豆香，闻起来还有些刺鼻。

❺ **易发霉**：酿造酱油没有添加防腐剂，开瓶后常温下容易发霉，因此必须冷藏并尽快食用；而化学酱油开瓶后常温存放数月也没问题。

❻ **尝味道**：酿造酱油会越煮越香，除了咸味外还会微微回甘，舌头敏锐的人用舌尖沾一点，可以感到层次分明；但化学酱油纯粹只有咸味。

02 蛋奶油酱安心买

鸡蛋

必须依规范使用磺胺剂、抗生素、杀虫剂等药剂，但不良养殖户为了预防母鸡生病而长期施药，若用药过量或未到停药期即上市的鸡蛋产品，就可能有药物残留。此外鸡蛋容易受沙门氏杆菌感染，蛋壳外的粪便污染也容易造成细菌、微生物与寄生虫滋生。

🌿 问题鸡蛋对身体的危害

1. 长期食用残留有抗生素、抗寄生虫药等物质的鸡蛋，容易引发过敏，使人体内的病原菌产生抗药性，造成肝、肾脏负担而引起病变。

2. 避免生食鸡蛋，否则容易因沙门氏杆菌、细菌、寄生虫污染而引起呕吐、腹泻等肠胃道症状。

🌿 选购要点

1. 优质鸡蛋的色泽鲜亮洁净，蛋壳干净完整；而劣质鸡蛋外皮发乌，且蛋壳上会有污渍。

2. 优质鸡蛋打开后，颜色鲜艳，蛋黄膜不破裂，蛋黄与蛋白的界限也很分明，且蛋白较浓稠，不易分散。

3. 用手指夹稳鸡蛋放在耳边轻轻摇晃，优质鸡蛋发出的音实在；而裂纹蛋则有"啪啪啪"声；空头蛋有空洞声。

4. 将鸡蛋放入水中，沉入水底为优质鸡蛋；大头朝上，小头朝下，半沉半浮的为陈蛋；而直接浮在水上的为臭蛋。

🌿 保存方法

① 新鲜鸡蛋在室温下存放阴凉处可保存2~3天，放入冰箱冷藏可延长其保存期限。

② 若为盒装鸡蛋因包装前已经过初步清洁，可直接将鸡蛋的钝端朝上放在冰箱的蛋架上，因为鸡蛋的气室在钝端，气室朝上可以增加蛋的保鲜度。

③ 如果是普通散装鸡蛋，先用干净的布或纸巾擦拭蛋壳表面脏污后，再存放。

④ 鸡蛋可冷藏7~14天，但应尽早食用以免新鲜度下降。

🌿 如何避免有害物质

① 鸡蛋在食用前先用流动清水冲掉蛋壳表面的灰尘与脏污，并继续搓洗蛋3~5分钟，以去除蛋壳表面的有害物质，再用干布或纸巾擦拭蛋壳表面水分，即可烹饪。

② 沙门氏杆菌对热的抵抗力不强，在70℃时需经5分钟可杀死，60℃时需经15~20分钟才能杀死。因此最好不要生吃鸡蛋或吃半生不熟的蛋，以免感染沙门氏杆菌。

🌿 洋鸡蛋与土鸡蛋的辨别方法

① 从鸡蛋的外观上看，土鸡蛋个稍小，壳稍薄，色浅，较新鲜的有一层薄薄的白色膜；而洋鸡蛋壳稍厚，色深。

② 打开蛋壳，蛋黄略小、呈金黄色的是土鸡蛋；蛋黄略大、呈浅黄色的为洋鸡蛋。

> 蛋壳外常有细菌、寄生虫、沙门氏杆菌，食用时先将蛋壳清洗干净，以降低打开蛋壳时污染蛋液的几率。
>
> 用清水清洗过的鸡蛋不利于保存，因为蛋壳有微细的孔洞，细菌会透过水分渗入鸡蛋中而加速鸡蛋的腐败。

鸭蛋

　　鸭蛋又名鸭子、鸭卵，主要含
有蛋白质、脂肪、钙、磷、铁、钾、
钠、氯等营养成分。鸭蛋性凉，味
甘，具有滋阴清肺的作用，适于病后
体虚、燥热咳嗽、咽干喉痛、高血
压、泄泻痢疾等病患者食用。

选购要点

1. **看颜色**：淡蓝色青皮鸭蛋基本上是新鸭子产的，因为鸭子年轻体
壮，产蛋有力，钙的成分也多一点，外壳也厚一点，难以碰坏。
外壳白色的鸭蛋是鸭龄较老的鸭子产的，鸭老体衰，下蛋无力，
故此外壳也薄，容易撞坏。还有一种温州话俗称"沙壳"的鸭
蛋，外壳粗糙有斑点，此类蛋营养不良、外壳薄，也容易碰坏。
记住：鸭要吃"老"，蛋要买"新"，青皮鸭蛋是消费者首选。

2. **听声音**：内行人俗称"铁声"的鸭蛋，没有毛孔，表皮特别光滑，
手指轻轻一弹或将两个鸭蛋轻轻碰磕，即发出轻微、尖锐的声响，
这种蛋为数甚微，食用倒没问题，但如果做松花蛋或腌制咸蛋的话
那可不行，原因是无毛孔的鸭蛋，腌了一个月照旧是鲜蛋。

保存方法

1. 鸭蛋存放时要大头朝上，小头在下，这样使蛋黄上浮后贴在气室下
面，既可防止微生物侵入蛋黄，也保证蛋的质量。

2. 夏天的鸭蛋要放入冰箱的保鲜室内保存，在低温情况下能抑制微生
物的繁殖。

3. 冬天的鸭蛋不放入冰箱，自然室温下也可保持30天左右不会坏。但
是要注意鸭蛋用水洗过后要尽快食用，水洗后的蛋容易变坏。

牛奶

在不同国家，牛奶分有不同的等级，目前最普遍的是全脂、低脂及脱脂牛奶。另外为了满足不同消费者的需求，市面上出现了多种类型的牛奶，如加钙牛奶，即向牛奶中添加了钙元素以提高牛奶中的钙含量。牛奶不仅口感醇正、香甜，还含有丰富的营养价值。

选购要点

1 在购买前先观察包装是否干净，有无破损或胀袋等现象。

2 仔细检查产品包装上的标签，看是否符合国家标注，特别注意产品的生产日期，若是过期食品，切记不可食用。

3 牛奶如果不是按照其要求在相应的低温条件下保存，即使是在保质期内也有可能变质。

2005年10月1日起，《预包装食品标签通则》和《预包装特殊膳食用食品标签通则》强制规定：所有市面上销售的经过消毒或高温等加工处理的奶制品，今后都不得在包装上标示为"鲜奶"。

区别几种牛奶

生鲜牛奶

指未经杀菌的生鲜牛奶，在许多发达国家，生鲜牛奶是最受消费者欢迎的，但价格也最为昂贵。这种牛奶无需加热，不仅营养丰富，而且保留了牛奶中的一些微量生理活性成分，对儿童的生长很有好处。新挤出的牛奶中含有溶菌酶等抗菌活性物质，一般能够在4℃下保存24~36小时。

常温奶

也称为超高灭菌奶，是将牛奶迅速加热到135℃~140℃，在3~4秒的时间内进行瞬间杀菌，达到无菌指标的奶，产品包装上标有"超高温灭菌"字样。在加工过程中，牛奶中对人体有益的菌种也会遭到一定程度的破坏，维生素C、维生素E和胡萝卜素等都有一定的损失，B族维生素损失20%~30%。常温奶的营养价值较巴氏奶稍低，但是保鲜时间最长的牛奶，根据包装材料的不同，可在常温情况下保存30天到8个月。

巴氏奶

是指将牛奶在80℃的高温下杀菌15秒的牛奶，在产品的包装上会标有"巴氏灭菌"的标志，巴氏奶在杀死鲜奶中的细菌的同时还可最大限度地保留鲜奶中的营养成分与特殊风味。但因为灭菌不够彻底，所以巴氏奶应在4℃~7℃的温度下保存，一般保质期在7天以内。

灭菌牛奶

为了满足上班族的需要，不少生产厂家生产出保存时间较长的百利包牛奶，其在加工过程中已经全面灭菌，但对人体有益的菌种以及牛奶的营养成分也基本被破坏掉了，其中B族维生素有20%~30%的损失。灭菌奶的味道一般比较浓厚，这种牛奶的包装和鲜牛奶非常相像，保质期大多为30天或更长时间，甚至有些灭菌牛奶的保质期长达6个月以上。

无抗奶

无抗奶是指用不含抗生素的原料生产出来的牛奶，该名词已被大部分人所认识，但它一般不会出现在牛奶的外包装上，因为它是牛奶出厂的指标之一，一般知名厂家出厂的牛奶都应该达到这个标准。

酸奶

酸奶是以新鲜的牛奶为原料，经过巴氏杀菌后再向牛奶中添加有益菌，经发酵后再冷却灌装的一种牛奶制品。目前市场上酸奶制品多以凝固型、搅拌型和添加各种果汁果酱等辅料的果味型为主。酸奶不仅拥有牛奶的所有优点，而且某些方面经加工后的营养价值更加丰富。

🌿 选购要点

❶ 在购买酸奶前先仔细观察酸奶的包装，现市场中酸奶的包装有很多种类：塑料袋，要查看是无漏包；塑料瓶，要仔细查看封口是否紧密；纸包，要查看是否有破损、胀包、污染等现象。

❷ 要仔细查看酸奶包装上的标签是否齐全，是否符合国家标准，特别是产品的成分表以及配料表，便于区分产品是调味酸奶、果味酸奶还是纯酸牛奶。可根据自身的喜好，选择适合自身口味的品种，再根据产品成分表中脂肪含量的多少，选择自身需要的产品。另外，要看清标签上标注的是酸奶还是酸牛奶饮料，酸牛奶饮料的脂肪、蛋白质含量较低，一般均在1.5% 以下。

🌿 健康益处

❶ 酸奶能促进消化液的分泌，增加胃酸，因而能增强人的消化能力，促进食欲。

❷ 酸奶中的乳酸不但能使肠道里的弱酸性物质转变成弱碱性，而且还能产生抗菌物质，对人体具有保健作用。

❸ 在妇女怀孕期间，酸奶除提供必要的能量外，还提供维生素、叶酸和磷酸；在妇女更年期时，还可以抑制由于缺钙引起的骨质疏松症；在老年时期，每天吃酸奶可矫正由于偏食引起的营养缺乏。

④ 酸奶能抑制肠道腐败菌的生长，还含有可抑制体内合成胆固醇还原酶的活性物质，又能刺激机体免疫系统，调动机体的积极因素，有效地抗御癌症。所以，经常食用酸奶，可以增加营养，预防动脉硬化、冠心病及癌症，降低胆固醇。

饮用注意

① 由于酸奶的保质期较短，在2℃~6℃的条件下，可储存一个星期左右，因此在购买酸奶时不应多买。

② 酸奶不宜加热食用，因为加热煮沸后不仅酸奶的特有风味消失，而且其中的有益菌也被杀死，营养价值大大降低。

③ 吃完酸奶后应及时用白开水漱口，这是因为酸奶中含有的某些菌种对龋齿的形成有着重要的影响。

④ 婴儿不宜多食酸奶，这是因为酸奶虽然能抑制和消灭病原菌的生长，但同时也破坏了对婴儿有益菌群的生长条件，还会影响正常的消化功能。

⑤ 空腹时不宜食用酸奶，此时胃液的pH较低，乳酸菌易被杀死，保健功能大大降低，而在饭后2小时饮用，其保健功能较好。

如何避免有害物质

① 若开封食用时，感觉产品口感与一般不同，如浓稠度差异太大、变硬、变酸、变味、变色，可能产品已变质，不宜继续食用。

② 尽量选择原味酸奶，以减少色素及香料的摄取，并注意营养标示，选择糖分及碳水化合物含量较少者，避免热量摄取过量。

大豆油

大豆油的脂肪酸组成中，亚油酸占50%~55%，油酸占22%~25%，并含有维生素E，而且豆油的消化率高达98%，因此被认为是一种营养十分丰富的植物油。

🌿 鉴别大豆油

① **辨色法**：优质大豆油呈黄色至橙黄色；次质大豆油呈棕色至棕褐色。

② **观察法**：即观察透明度。品质正常的油质应该是完全透明的，如果油脂中含有磷脂、固体脂肪、蜡质以及含量过多或含水量较大时，就会出现混浊，使透明度降低。优质大豆油完全清晰透明；次质大豆油稍混浊，有少量悬浮物；劣质大豆油油液混浊，有大量悬浮物和沉淀物。

③ **嗅闻法**：即嗅其气味。可以用以下三种方法进行：一是盛装油脂的容器打开封口的瞬间，用鼻子挨近容器口，闻其气味；二是取1~2滴油样放在手掌和手背上，双手合拢快速摩擦至发热，闻其气味；三是用钢精勺取油样25毫升左右，加热到50℃左右，用鼻子接近油面，闻其气味。优质大豆油具有大豆油固有的气味；次质大豆油固有的气味平淡，微有异味，如青草等味；劣质大豆油有霉味、焦味等不良气味。

④ **尝味法**：对大豆油进行滋味鉴别时，应先漱口，然后用玻璃棒取少量油样，涂在舌头上，品尝其滋味。优质大豆油具有大豆固有的滋味，无异味；次质大豆油滋味平淡，或稍有异味；劣质大豆油有苦味、酸味、辣味及其他刺激味或不良滋味。

⑤ **水试法**：即测其水分含量。油脂是一种疏水性物质，一般情况下不易和水混合。但是油脂中常含有少量的磷脂、固醇和其他杂质等，能吸收水分，形成胶体物质悬浮于油脂中。所以油脂中仍有少量水分，而这部分水分一般是在加工过程中混入的，同时还混入一些杂

质，这会促使油脂水解和酸败，影响油脂贮存时的稳定性。优质大豆油水分不超过0.2%；次质大豆油水分超过0.2%。

⑥ 沉淀法：即看杂质和沉淀物。油脂在加工过程中混入机械性杂质（泥沙、料坯粉末、纤维等）和磷脂、蛋白质、脂肪酸、黏液、树脂、固醇等非油脂性物质，在一定条件下沉入油脂的下层或悬浮于油脂中。优质大豆油可以有微量沉淀物，其杂质含量不超过0.2%，磷脂含量不超标；次质大豆油有悬浮物及沉淀物，其杂质含量不超过0.2%，磷脂含量超过标准；劣质大豆油有大量的悬浮物及沉淀物，有机械性杂质，将油加热到280℃时，油色变黑，有较多沉淀物析出。

🌿 识别掺假豆油

在豆油中掺入饭、米汤、水或其他植物油，只要在瓶内沉淀一两天，瓶内的豆油和掺假物会出现明显的分界线，即一部分色深，另一部分色浅。将瓶子转动一下，注意观察就会发现，瓶子下面的掺假物转动快，分界线以上的油转动慢。如果是在冬季，晃动几下后，瓶子的下面有明显的白色，就可判定为掺假油。另外，炒菜爆锅时，如油锅内出现"叭叭"响的油花，更可以说明油中掺水。

花生油

花生油中含有大量油酸、亚油酸、维生素E以及脑磷脂、卵磷脂和其他不饱和脂肪酸。常食用花生油，有助于降低胆固醇，预防动脉硬化及冠心病和皮肤老化，也有利于延缓人体细胞衰老。花生油具有人们喜闻的芳香，油感也好，是烹调常用的油品。下面教大家几个正确选购花生油的方法。

❶ 辨色法：优质花生油一般呈淡黄至淡黄色；次质花生油呈棕黄色至棕色；劣质花生油呈棕红色至棕褐色，并且油色暗淡，在日光照射下有蓝色荧光。

❷ 观察法：即观察透明度。优质花生油清晰透明；次质花生油稍混浊，有少量悬浮物；劣质花生油油液混浊。

❸ 嗅闻法：即嗅其气味。优质花生油具有固有的香味（未经蒸炒直接榨取的油香味较淡），无任何异味；次质花生油固有的香味平淡，微有异味，有青豆味、青草味等；劣质花生油有霉味、焦味等不良气味。

❹ 尝味法：优质花生油具有花生油固有的滋味，无任何异味；次质花生油固有的滋味平淡，微有异味；劣质花生油具有苦味、酸味、辛辣味及其他刺激性或不良滋味。

❺ 水试法：即测其水分含量。优质花生油水分含量在0.2%以下；次质花生油水分含量在0.2%以上。

❻ 沉淀法：即测杂质和沉淀物。优质花生油有微量沉淀物，杂质含量不超过0.2%，加热至280℃时，油色不变深，微有沉淀析出；劣质花生油有大量悬浮物及沉淀物，加热至280℃，油色变黑，并有大量沉淀物析出。

芝麻油

芝麻油色如琥珀、橙黄微红、晶莹透明、浓香醇厚、经久不散。其可用于调制凉热菜肴，去腥臊而生香味；加于汤羹，增鲜适口；用于烹饪、煎炸，味纯而色正，是食用油中之珍品。芝麻油含人体必需的不饱和脂肪酸和氨基酸，居各种植物油之首。下面教大家几个正确选购芝麻油的方法。

❶ 辨色法：纯芝麻油呈淡红色或橙红色，机榨芝麻油比小磨芝麻油颜色淡；芝麻油中掺入菜籽油则颜色深黄，掺入棉籽油则颜色黑红。

❷ 观察法：在夏季的阳光下看纯芝麻油，可见清澈透明；如掺进1.5%的凉水，在光照下显不透明液体；如掺进3.5%的凉水，芝麻油就会分层并容易沉淀变质；如掺进了猪油，加热就会发白；掺有菜籽油，则颜色发青；掺有棉籽油，就会粘锅；掺有冬瓜汤、米汤，就会挥发，半小时后还会有沉淀。

❸ 嗅闻法：小磨芝麻油香味醇厚、浓郁、独特；如掺进了花生油、豆油、菜籽油等则不但香味差，而且会有花生、豆腥等其他气味。

❹ 降温法：将芝麻油用瓶子装好，放在冰箱里，在-10℃冷冻观察。纯芝麻油在此温度下仍为液态；掺假的芝麻油在-10℃时开始凝结。

❺ 振荡法：将少许芝麻油倒入试管中，用力振摇，如不起泡或只起少量泡沫，而且很快就消失了，这种芝麻油比较纯正；如泡沫多、消失慢，又是白颜色泡沫，就是掺入了花生油；如出现了大量泡沫，再经振摇不能消失，用手掌沾着油摩擦，能闻到碱味的可能掺有卫生油；如出现淡黄色泡沫且不容易消失，用手掌摩擦有豆腥味，可能掺有豆油；有辛辣味的，可能掺有菜籽油。

白酒

白酒又称蒸馏酒，是以富含淀粉或糖类成分的谷物为原料，加入酒曲、酵母和其他辅料，经过糖化发酵蒸馏（有的还要经勾兑、加香）而制成的一种无色透明、酒度较高的饮料。人们在饮酒时很重视白酒的香气和滋味。

🌿 如何鉴别白酒

1 **色泽法**：白酒的正常色泽应是无色、透明、无悬浮物和沉淀物，这是说明酒质是否纯净的一项重要指标。将白酒注入杯中，杯壁上不得出现环状不溶物；将酒瓶突然颠倒过来，在强光下观察酒体，不得有浑浊、悬浮物和沉淀物。冬季如白酒中有沉淀物，可用水浴法加热到30℃～40℃，如沉淀消失则视为正常。用力摇晃，观察酒花，一般酒花细、堆花时间长者为佳。发酵期较长和贮存较长的白酒，往往有极浅的淡黄色，如茅台酒，这是允许的。

2 **香气法**：对白酒的香气进行感官鉴别时，最好使用大肚小口的玻璃杯，将白酒注入杯中并稍加摇晃，立即用鼻子在杯口附近仔细闻其香气；或倒几滴白酒于手掌上，稍搓几下，再嗅手掌，即可鉴别出酒香的浓淡程度和香型是否正常。白酒品种颇多，风味各异，大体上可分为五种香型：

清香型	它的芳香成分主要是乙酸乙酯和乳酸乙酯。酒气清香芬芳，醇厚绵软，甘润爽口，酒味纯净，代表了传统老白干的风格，是白酒之本宗。以山西杏花村汾酒为代表，故又称汾香型。
浓香型	它的芳香成分是乙酸乙酯。酒气芳香浓郁，绵柔甘洌，底子干净，回味悠长，饮后尤香，如五粮液、古井贡酒等都属此列。这种酒最初的代表是泸州大曲，因而又称为泸香型。

酱香型	酒气醇香馥郁，低而不淡，香气幽雅，回味绵长。这种酒以贵州茅台酒为代表，又称芳香型。它的主体芳香物质比较复杂，目前尚不完全清楚。
米香型	它的主体芳香成分是乳酸乙酯，含量大大高于乙酸乙酯，其他高级醇含量也较多。其特点是蜜香轻柔，入口绵甜，略带爽口的苦味，回味怡畅。桂林三花酒就属于此型。
复香型（混合香型）	指具有两种香型以上混合香气的白酒，为一酒多香风格，凡不属上述四种香型的白酒多属此类，代表酒有董酒、西凤酒等。

以上讲的是白酒的香型，白酒在进行品味的过程中，又将香气分作三个阶段，也就是三个方面的香气，即是：

溢香	指白酒中的芳香物质溢散于杯口附近，用鼻子在杯口附近就可以直接闻到的酒香气，也称闻香。
喷香	指酒液入口，香气就充满口腔。
留香	指酒已咽下，而口中仍持续留有酒香气。

一般的白酒都会具有一定的溢香，但很少有喷香和留香。只有优质酒和名酒，才能在溢香之外，拥有较好的喷香和留香，像名酒中的五粮液，就是以喷香著称的，而茅台酒则是以留香而闻名。白酒不应有异味，诸如焦煳味、腐臭味、泥土味、糖味和糟味等。

③ 味觉法：白酒的滋味应有浓厚和淡薄、绵软和辛辣、纯净和邪味之分；酒咽下后，又有回甜和苦辣之别。白酒的滋味要求醇厚无异味、无强烈的刺激性、不辛辣呛喉、各味协调。好的白酒还要求滋味醇香、浓厚、味长、甘洌、回甜，入口有愉快舒适的感觉。进行品尝时，饮入口中的白酒，应于舌头及喉部细品，以鉴别酒味的醇厚程度和滋味的优劣。

④ 酒花法：用力摇晃酒瓶，瓶中顿时会出现酒花，一般都以酒花白皙、细碎及堆花时间长的为佳品。

综上所述，白酒总的感觉特点应是酒液清澈透明，质地纯净，芳香浓郁，回味悠长，余香不尽。

用甲醇勾兑食用白酒的鉴别

甲醇是剧毒物质，饮用4～6克就会使人致盲，10克以上就可致死。甲醇的化学性质、物理性质，特别是气味、滋味、比重等和乙醇相似，仅凭感官鉴别难以区分，可试用掺凉开水的方法鉴别。因为甲醇、乙醇可以与水无限混溶，所以甲醇或工业酒精兑制的假酒，加凉开水后仍呈透明状。而如果是食用酒，则会出现浑浊现象，这是因为食用酒中含有脂类物质，脂类物质只溶于酒精，难溶于水，当水量增加，酒精比例减少，脂类"析出"而呈浑浊现象。

白酒的家用小常识

① 烹调菜肴时，若加醋过多，味道太酸，只要再往菜里洒一点白酒，即可减轻酸味。

② 烹调中，酒能解腥起香，使菜肴鲜美可口，但也要用得恰到好处，不可多用。

啤酒

啤酒是以大麦芽、啤酒花和水为主要原料，用不发芽谷物（如大米、玉米等）为辅料，经糖化发酵酿制而成的富含多种营养成分的低度饮料酒。

🌿 啤酒的简单分类

① 按酒的颜色深浅可将啤酒分为淡色啤酒、浓色啤酒和黑啤酒。

② 按生产方法可将啤酒分为熟啤酒（经过了巴氏杀菌）和鲜啤酒（未经巴氏杀菌）；另外现在还有一种只经过滤除菌的啤酒，称为"纯鲜啤酒"。

③ 按麦汁浓度又将啤酒分为低浓度啤酒（麦汁浓度在7~8度，酒精含量2%以下）、中浓度啤酒（麦汁浓度在11~12度，酒精含量在3.1%~3.5%）和高浓度啤酒（麦汁浓度在14~20度，酒精含量在5%以上）三种。

🌿 啤酒出现浑浊沉淀的常见原因

① **酵母浑浊**：造成啤酒的酵母浑浊是由于野生酵母混入引起的，或者是酵母再发酵引起的。酵母浑浊的主要表现是酒液失光、浑浊、有沉淀，启盖后气泡很足，常会伴有窜沫现象（啤酒自瓶口喷涌而出）；倒酒入杯时酒瓶口处有"冒烟"现象。

② **受寒浑浊**：当啤酒在0℃左右贮存或运输一定的时间后，因为温度低，酒液中常会出现一些较小的悬浮颗粒，使啤酒失光。如果在低温下贮运的时间再延长，酒液中就会出现较大凝聚物而造成沉淀。如在啤酒处于失光阶段时将贮运温度回升到10℃以上，酒液又会恢复到透明状态。这种因受寒冷而造成的浑浊，实际上是蛋白质的凝聚现象。

③ **淀粉浑浊**：由于糖化不完全，还残留有一定量的淀粉而造成浑浊，并逐渐出现白色沉定。

④ **氧化浑浊**：啤酒在装瓶或装桶时，不可避免地要与空气中的氧接触而引起浑浊，空气越多，浑浊越快。因此啤酒在贮存中应尽量减少摇晃、曝光，应在适宜的温度下存放。

🌿 如何鉴别啤酒

① **色泽法**：以淡色啤酒为例。优质啤酒酒液浅黄色或微带绿色，不呈暗色，有醒目光泽，清亮透明，无小颗粒、悬浮物和沉定物；次质啤酒酒液淡黄或稍深些，透明，有光泽，有少许悬浮物或沉定物；劣质啤酒酒液色泽暗而无光或失光，有明显悬浮或沉定，有可见小颗粒，严重者酒体浑浊。

② **泡沫法**：优质啤酒注入杯中立即有泡沫窜起，起泡力强，泡沫厚实且盖满酒面，沫体洁白细腻，沫高占杯子的1/2~2/3；同时见到细小如珠的气泡自杯底连环上升，经久不失，泡沫挂杯持久，在4分钟以上；次质啤酒倒入杯中的泡沫升起较高较快，色泽较洁白，挂杯时间持续2分钟以上；劣质啤酒倒入杯中，稍有泡沫且消散很快，有的根本不起泡沫，起泡者泡沫粗黄，不挂杯，呈一杯冷茶水状。

③ **香气法**：优质啤酒有明显的酒花香气和麦芽清香，无生酒花味、无老化味、无酵母味，也无其他异味；次质啤酒有酒花香气但不显著，也没有明显的怪异气味；劣质啤酒无酒花香气，有怪异气味。

④ **口味法**：优质啤酒口味纯正，酒香明显，无任何异杂滋味，酒质清冽，酒体协调柔和，杀口力强，苦味细腻、微弱、清爽而愉快，无后苦，有再饮欲。

　　泡沫是啤酒的重要特征之一，啤酒也是唯一以泡沫体作为主要质量指标的酒精类饮料。倒入杯中时，有泡沫升起（泡沫升起的时间越长越好）。

葡萄酒

葡萄酒按酒液中所含葡萄汁量的多少有高、中、低档之分。高档葡萄酒均为全汁酒和特制酒，是用100%的葡萄原汁在旋罐中进行色素和香味物质的隔氧浸提之后，再进行皮、渣分离发酵酿造而成；中档葡萄酒含汁率为50%；低档葡萄酒含汁率约在30%。

葡萄酒常见的质量问题

① 主要问题是酒精度、甜蜜素、糖精钠和菌落指数等指标不符合国家标准，以及部分产品的商标标志不符合国家规定。

② 一些生产者弄虚作假，随意降低葡萄汁的含量，甚至根本不用葡萄汁，导致各种不合格的半汁葡萄酒产品充斥市场。

葡萄酒品质巧鉴别

① **重视感观指标**：葡萄酒的内在质量由三部分组成，即卫生指标、理化指标和感观指标。其中卫生指标容易控制，只要没有外来污染就容易达到要求。而理化指标完全可以进行人为调整，换句话说，不用任何葡萄汁、不经任何发酵就可以勾兑出完全符合理化指标要求的所谓葡萄酒来，但这却是名副其实的假酒。因此，仅仅理化指标和卫生指标合格的葡萄酒，其质量水平不一定高，要真正判断葡萄酒的优劣，只有通过感官品尝，这是鉴别葡萄酒质量好坏的最根本的方法。

② **看外观、闻气味、品滋味**：好的红葡萄酒，外观呈现一种凝重的深红色，晶莹透亮，犹如红宝石。打开瓶盖，酒香沁人心脾，抿一小口，细细品味，只觉醇厚宜人，满口溢香。缓缓咽下之后，更觉惬意异常，通体舒坦。

葡萄酒安全购买小窍门

购买葡萄酒要特别防范葡萄酒原汁含量过低的问题。目前部分葡萄酒原汁含量很低，甚至无原汁成分，用色素和甜味剂等勾兑，这种葡萄酒口感差，味不纯，无发酵酒特有的滋味；还有的添加了人工合成色素、糖精钠及防腐剂等，食用后会影响身体健康。便秘、胃液分泌异常的人、胆石病人应慎饮葡萄酒。

葡萄酒的国家标准

葡萄酒出售时，其外包装上的标签应严格按照国家标准《预包装饮料酒标签通则》执行，并按含糖量标注产品类型。单一原料的葡萄酒可不标注原料与辅料，添加防腐剂的葡萄酒应标注具体名称。

标签上若标注葡萄酒的年份、品种、产地，应符合标准中规定的定义。年份葡萄酒所标注的年份是指葡萄采摘的年份，其中年份葡萄汁所占比例不低于酒含量的80%V/V；品种葡萄酒是指用所标注的葡萄品种酿制的酒所占比例不低于酒含量的75%V/V；产地葡萄酒是指用所标注的产地葡萄酿制的酒所占比例不低于酒含量的80%V/V。

鱼罐头

鱼罐头属于水产加工食品的一种，主原料是鱼肉。若使用的鱼类来自受污染的海域，容易残留重金属或戴奥辛；若鱼类来自人工养殖环境，因为饲养期间投药以防治病害或促进生长，而有抗生素或荷尔蒙残留的危险。

食用问题鱼罐头的危害

1. 长期吃下受重金属及戴奥辛污染的鱼肉原料所制成的食品，可能导致累积中毒的现象。

2. 鱼肉原料残留荷尔蒙，长期食用造成内分泌失调，尤其对青少年和孕妇影响最大。

3. 鱼肉原料残留抗生素，长期食用会产生抗药性、药物副作用。

4. 长期食用含防腐剂的食品，形成肝、肾负担，易导致过敏与累积中毒的现象。

5. 每人每日钠的摄取量为2400毫克，若摄取过量的钠，易造成水肿、血压上升，特别是患有肾脏病、痛风、高血压或心脏疾病的消费者，必须注意钠摄取过量会造成身体的负担。

选购要点

1. 注意罐头的外观，选择罐型正常、封口紧密、无生锈、无刮痕和无裂损。顶部及底部若呈现膨起或凹陷现象，表示内部有细菌繁殖或空气进入，千万不要购买。

2. 注意罐头上的标示，包括品名、成分、生产日期、有效期限、代理或制造厂商等内容。

3. 选购有食品生产许可标志的罐头食品，表示产品制作过程及添加物剂量符合规定，较为安全。

保存方法

① 鱼类罐头应保存在干燥、阴凉、通风的常温环境，避免阳光直晒。

② 未开封的罐头不需放入冰箱冷藏。开封后的鱼类罐头，若没吃完，为避免容器污染，建议将罐头内食物倒入其他保鲜容器中，再放入冰箱冷藏。为保持鲜度及风味，最好在1~2日内食用完毕。

如何避免有害物质

① 开罐前先用干净湿布擦拭罐头外壁及罐盖，避免脏污及细菌污染，清洁后再开罐。

② 食用前，煮沸罐头食物10分钟或是倒入热开水中烹煮3分钟，可以减少添加物的含量，并破坏细菌如肉毒杆菌的毒素。

> 罐头容器通常以内壁镀锡的马口铁制成，镀锡可避免生锈同时预防食物氧化，但也可能因存放不当，使得锡溶出，污染了食物。

水果罐头

水果罐头是常见的水果加工品。主原料水果本身有可能因为栽种时，未到农药挥散的安全期就采收或种植环境受到重金属污染，造成农药或重金属残留在水果之中；在加工过程中，不良从业者为了降低成本或让产品看起来美观以吸引消费者，而添加不合法的食品添加物。

食用问题水果罐头的危害

1 长期吃下受农药、重金属污染的水果所制成的食品，容易导致累积中毒的现象。

2 漂白剂添加过量，可能引起过敏、气喘、腹泻、呕吐，若漂白剂含有二氧化硫成分，可能使气喘患者诱发气喘。

3 使用不合法人工甘味剂，易造成肝脏、肾脏、胃的损害，长期食用有可能致癌。

4 长期食用含人工色素、化学香料的食品，易造成肝脏、肾脏的损害，影响神经系统，还可能致癌。

5 水果罐头的糖分偏高，食用过量易造成蛀牙及血糖过高的情形，严重者有形成糖尿病的风险，应多加注意。

选购要点

1 注意罐头的外观，选择罐型正常，封口紧密，无生锈、刮痕和裂损。顶部及底部若呈现膨起或凹陷现象，表示内部有细菌繁殖或空气进入，千万不要购买。

2 注意罐头上的标示，包括品名、成分、生产日期、有效期限、代理或制造厂商等内容。

③ 选购有食品生产许可标志的罐头食品，表示产品制作过程及添加物剂量符合规定，较为安全。

保存方法

① 水果罐头应保存在干燥、阴凉、通风的常温环境，避免阳光直晒。未开封的罐头不需放入冰箱冷藏。

② 开封后的水果罐头，若没吃完，为避免容器污染，建议将罐头内食物倒入其他保鲜容器中，再放入冰箱冷藏。为保持鲜度及风味，最好在1~2日内食用完毕。

如何避免有害物质

① 开罐前先用干净湿布擦拭罐头外壁及罐盖，避免脏污及细菌污染，清洁后再开罐。

② 罐头内的糖水可能含有多种添加物，开罐后建议倒掉糖水，再用开水冲洗内容物水果后食用，以减少摄取过多的添加物和糖分。

酱油

传统制造酱油的方法是酿造法，先将豆类、小麦等原料经洗涤蒸煮，再用曲菌使豆麦发酵制成纯酿造酱油。化学酱油是以盐酸加水分解黄豆原料，取代原本经由天然微生物酵素水解的时间，制造期短且成本低，但风味不及前者。

🍃 问题酱油对身体的危害

① 长期且过量食入含防腐剂的食物，容易导致肝肾损伤及身体不适。如：对羟苯甲酸类含有较强酸性，胃酸过多的人不宜食用；免疫系统不全的患者食用过量的己二烯酸会引发过敏、气喘等症状；肝肾功能不佳的患者若食用过量的己二烯酸或苯甲酸，会累积在体内造成肝肾受损。

② 食用过量的人工色素、香料、人工化学合成调味剂，可能产生过敏，并造成肝肾负担。

🍃 保存方法

酱油可存放于阴凉通风处，开瓶后因接触空气易导致风味变差或发霉现象，最好在3个月内用完，且每次使用完应将瓶盖盖紧，或在开瓶后冷藏存放以保鲜。

🍃 如何避免有害物质

① 选择不会产生可能致癌的单氯丙二醇的传统酿造酱油，及不含防腐剂的薄盐酱油，对健康较有益。

② 选购时注意包装上的原料标示，并经常更换厂牌，避免同类添加物不断累积体内。

醋

　　醋可分为由天然食材制造的酿造醋、由食品添加物调配而成的合成醋（化学醋），以及由酿造醋及合成醋依一定比例调配的混合醋。食醋应含醋酸3%~5%，不应含有任何游离矿酸。

问题醋对身体的危害

❶ 摄取醋酸浓度过高或是工业用醋酸、冰醋酸，可能灼伤口腔黏膜及食道。

❷ 若食用添加了过量防腐剂（对羟苯甲酸类）的合成醋，胃酸过多的病人或儿童会感到不适。

❸ 每人每天钠的摄取量为2400毫克，最多不宜超过3000毫克，钠摄取过量易造成高血压、肾脏病等疾病。乌醋因添加大量食盐，因此含钠量高，以一汤匙的乌醋来看，钠含量可能达315毫克。

选购要点

❶ 酿造醋本身含有蛋白质、氨基酸等天然成分，用力摇晃后会产生泡沫且不会马上消散；一般合成醋的泡沫少，且一下子就消失。

❷ 选购前若可试饮，可将不同品牌的醋先试开，稀释后再饮用。好

的醋香味醇美，无刺激性酸味，且口感温润，不会有刺鼻呛味。

3 选购有GMP、QS认证的制造厂商，确保醋的来源安全有保障。

4 选购外包装完好，有完整食品标示，醋液无浑浊、杂质或异物，瓶口密封无锈蚀及其他变形的商品。

保存方法

1 开封后尽快使用，并在每次使用完毕后将瓶盖盖紧，减少与空气接触。

2 醋若置于高温环境下或放置时间过久，易产生浑浊、变质，应存放于阴凉、干燥、通风处。

如何避免有害物质

1 尽量食用有信誉的天然酿造醋，避免混合醋或合成醋中有害添加物的伤害。

2 将醋稀释或减量使用，可以降低所含食品添加物的浓度，提高食用的安全性。

3 乌醋用于调味时，可以减量使用，避免摄入过多的钠。

　　醋具有很强的杀菌能力，因此可以杀伤肠道中的大肠杆菌、葡萄球菌等，不仅可以增强肝脏功能，还能促进新陈代谢；另外，食醋中还含有抗癌物质。

　　胃酸过多和胃溃疡的患者不宜食醋。因醋不仅会腐蚀胃肠黏膜而加重溃疡病的发展，且醋本身有丰富的有机酸，能使消化器官分泌大量消化液，使溃疡加重。

辣椒酱

　　早期制作辣椒酱，是为了保存季节性采收的农作物，使用腌渍法能供长期食用。由于辣椒酱具有特殊辛香风味，现已成为普遍性调味料，并利用食品加工技术大量生产。

🌿 问题辣椒酱对身体的危害

1 辣椒在种植过程中可能遭受农药污染，长期吃进含农药的食物，会造成肝脏与肾脏负担，甚至有致癌风险。

2 若摄入含有苏丹红等非法添加色素的辣椒酱，有致癌风险；若过量且长期摄入一般食用色素，会造成肝肾负担，引起过敏反应。

3 过量且长期摄入含有防腐剂的食物，容易导致肝肾损伤及身体不适。如：免疫系统不全的患者食用过量的己二烯酸会引起过敏、气喘等症状；肝肾功能不佳的患者若食用过量的己二烯酸或苯甲酸会累积在体内造成肝肾受损。

4 食用过量化学合成调味剂，可能产生过敏，并造成肝肾负担。

5 市售辣椒酱多半含盐量高，但因为辣味遮盖咸味，民众常忽视含钠量高的事实。若摄取过量的钠，易造成水肿、血压上升，特别是患有肾脏病、痛风、高血压或心脏疾病的消费者，必须注意钠摄取过量会造成的身体负担。

🌿 选购要点

1 选择包装完整的食品，最好为真空包装或罐装，散装的产品容易和空气直接接触，易变味、变质。

② 选择中文标示清楚、完整的辣椒酱，其标示应包含品名、内容物名称及重量、食品添加物名称、厂商名称、地址及电话号码、有效日期，并留意原料标示。食品添加物的种类愈少愈好。

③ 选购GMP优良的食品厂商制造的产品，或是信誉好、具知名度的厂商，相对较有保障。

🌿 保存方法

未开封的辣椒酱可置放于阴凉通风处保存，开封后以冷藏保存为佳，使用完后立即将瓶盖锁紧，且在短期内食用完毕，避免储存太久，造成辣椒酱因接触空气而氧化变质。

🌿 如何避免有害物质

① 选购时注意包装上的原料成分标示，并经常更换厂家，避免同类添加物不断积累体内。

② 自制辣椒酱，可避免摄入过多的添加物。

③ 吃辣椒酱时，应注意包装上的含钠量标示，心血管疾病、肾脏病等必须限制钠摄取量的慢性病患，更要注意避免过量摄食。

冷饮

冷饮食品是冷冻饮品和饮料的总称。冷冻饮品包括冰棍、冰淇淋和食用冰；饮料包括液态饮料（汽水、果汁、矿泉饮料、发酵型饮料、可乐型饮料等）和固态饮料（咖啡、果味粉等）。

🌿 冷饮食品会发生哪些污染

原料中的奶类、蛋类及果品中均含有大量病原体；食品加工的设备、管道、器具上也可能存在病原体；加工设备清洗不到位，加工过程没能有效杀灭病原体，都会造成冷饮食品的生物性污染。软饮料中真菌污染大都来自罐装车间的不洁空气。

奶类、蛋类、豆类、茶叶等原料以及原料用水的农药、金属污染；滥用食品添加剂或违法添加非食用物质都可造成冷饮食品的化学污染；包装材料中的污染物，如增塑剂等渗出、迁移也可造成冷饮食品的化学性污染。

🌿 怎样尽量避免冷饮食品的污染危害

1 选购冷饮食品时应注意包装上的生产厂家、生产日期、保质期及QS标志等。避免购买包装不完整、无厂家信息及无QS标志的产品。

2 冷饮在冰箱中应与肉、果蔬等其他食品隔开储存，防止交叉污染。

3 冷饮开袋后尽快食用，避免在常温下长时间暴露，避免反复冻融。

保健食品

保健食品是指具有特定保健功能或者以补充维生素、矿物质为目的的食品。保健食品具备两个基本特征：一是安全性，即对人体不会产生任何急性、亚急性或慢性危害；二是功能性，对特定人群具有一定的功能调节作用。

🌿 保健食品与药品的区别

药品是指用于预防、治疗、诊断人的疾病，有目的地调节人的生理机能并规定有适应症或者功能主治、用法及用量的物质，包括中药材、中药饮片、中成药、化学药制剂、抗生素制剂、生化药品、放射性药品、血清、疫苗、血液制品和诊断药品等。由此可以得知，药品可以用来治疗疾病；而保健品只是声称具有特定保健功能或者以补充维生素、矿物质为目的的食品，不是药品，不能用来治疗疾病。

🌿 服用保健食品应注意什么

① 要认清产品包装上的批准文号和标识。"国食健字G"和"国食健字J"分别对应国产产品和进口产品。同时，所有批准的保健食品都有"保健食品"标志。保健食品的标志为天蓝色专用标志，与批准文号上下排列或并列。

保健食品无论是哪种类型，都是出自保健目的，不能在很短时间内改善人的体质，但长时间服用可使人延年益寿。

②　要仔细查看产品包装及说明书，确定产品的保健功能。保健食品的外包装上除印有简要说明外，应标有配料名称、功能、成分含量、保健作用、适宜人群、不适宜人群、食用方法、注意事项等，还有储存方法、批号、生产厂家。消费者在购买时一定要注意分辨，一般来说，产品功能是要在包装上予以体现的；同时，保健食品的说明书也是经过评审部门审批的，企业不得随意修改。

③　注意保健食品的禁忌症，因人而异选购保健食品。保健食品的批准证书上注明了一些不适宜人群或禁忌症，并要求企业将其标注在产品包装说明书上。消费者在选用这类保健食品时要注意是否适合自己和赠送的对象。

④　应根据保健功能选择适宜自身食用的保健食品。任何保健食品都需要标明主要原料和功效成分，认识了保健食品产品的原料和功效成分，就可以明确该产品所具有的保健功能。

⑤　建议购买者一定要到信得过的药店、商场、超市或保健品专卖店购买。

chapter

7

专家指路，
食品添加剂聪明避

如今，饮食业存在一大安全隐患，就是食品添加剂几乎无处不在，这让黑心的非法添加物有机会危害大众健康。此外，合法的食品添加剂被不合法使用后也会对人体健康造成伤害。本章就来教大家规避食品添加剂的方法。

01 食品添加剂的风险

食品添加剂虽然在食品加工中有很多用处，但这并不是说它就是完美的，也有一些弊端。食品添加剂最大的弊端就是使用不当，存在超范围、超量使用的情况。

食品添加剂风险：摄入食品添加剂是普遍现象

食品添加剂并不是现代才有的，古时候的人们为了防止食物腐败，会通过腌渍、烟熏、风干等方法来延长食物食用的期限，同时通过各种矿物质、微生物等天然物来增加食材的风味，这就是食品添加剂的雏形；后来发现食物中的香味、色素等可以通过萃取的方式获得，所以就开始以人工方式抽取，不过由于天然萃取的成本高，再加上化学工业技术日益发达，所以市场上的食品添加剂便逐渐被便宜的化学合成品所取代。

目前市场上的许多加工食品几乎都含有食品添加剂，这俨然成了食品行业流行的一股风气。我们每个人每天可能都在不知不觉中就摄入了一定量的食品添加剂，特别是白领等上班人群，他们大部分人一周五天都以外食为主，这些外食族即使不吃糖果饼干，每天吃下的食品添加剂也相当可观，因为有些看起来很天然的食物，其实含有很多食品添加剂。例如，超市的饭团含有调味剂，市售面包含有乳化剂和膨松剂、防腐剂等十几种添加剂，火锅店的汤底也可能根本就是用复方添加剂和化学香料所造出来的。

食品添加剂

聪明避险原则：5大要诀教你避开食品添加剂

一般来说，只要合理合法使用食品添加剂，人们食用后都没有任何健康隐患。但不可避免的是，有些不法商人为了追逐个人利益，会滥用食品添加剂或者谎报食品添加剂的含量。鉴于此，在没有全面完善的监管制度出台之前，我们最好还是避开食品添加剂。

> **要诀1：**
> **认识食物真本色，**
> **看穿食物的美丽伪装**

食品添加剂的功效，不外乎要让产品放得久、变得好看、变得好吃，同时又很便宜。所以只要色泽特别鲜艳、口感特殊、不容易腐坏而且还相当便宜的食材，基本上就得当心。

外观感觉是我们购物的第一抉择点，但要想买到安全的食物，除了用眼睛看以外，最好能用鼻子去闻、用嘴去尝。例如用眼睛看，自然的面粉颜色应该是白中带黄，过白的面粉、面条就是经过了漂白。至于闻的部分，除了买鱼可以闻鱼鳃外，一般产品其实不容易闻得出来，不过廉价食品添加过程往往十分粗糙，一不小心就会过量，所以如果闻起来有疑似有药水味或过于浓郁的香味，可能就含有过量的添加物，千万不要买。

如果看和闻都分不出来，最后只好用嘴来把关。有些味觉较敏感的人，只要用舌头沾一下，就能分辨化学酱油和天然酿造酱油；吃虾仁、丸子时如发现特别脆，或吃饱后容易口干舌燥，就代表这些食物含有过量的添加剂。

要诀2：
吃看得到原形和原味的食物

想减少食品添加剂的摄入，除了要认识食材的真本色外，同时也要了解食物的真滋味，尽量吃看得到原形与原味的食物。举例来说，花生是原形，但花生酱、花生粉就不是原形；米是原形，而面粉、面条就不是原形。虽然原形食物也未必不含添加剂，但风险少了不少。

其次是原味，其实我们的身体不需要调味料，即使是糖或盐这些单纯的调味对身体仍是个负担，更何况是加了一堆化学食品添加剂的调味品。然而很多现代人都习惯于重口味饮食，吃东西经常要使用沙拉酱、甜辣酱和老抽等，而这些产品本身往往都含有很多的化学添加剂。

所以为了健康，最好选择以清蒸、氽烫为主的烹调方式，尽量吃食物的原味。

要诀3：
看懂食品标签，破解添加物玄机

在了解食品添加剂的成分、用途与安全性的同时，我们还得学会看懂食品标签。通常食品标签上的标示项目包含有食品添加物，所以看懂食品标签的玄机对规避食品添加剂也有帮助。

合格的标签是依含量多少由高到低列出，也就是排列在前的含量最高，不过由于法规并未规定食品添加剂必须单独标示，所以食品添加剂通常会和食物原料一起列出。在看食品标签时，我们会发现在你熟知的食材（蔬菜、水果、肉、糖、盐）之中，穿插着**剂、**素，以及用化学名称或英文名称

列出的物质，而这些通常就是食品添加剂。

单从医学角度来看，即使是合法的食品添加剂仍是化学合成品，对人体健康还是有隐形伤害。以前有很多规定可以合法使用，但之后才发现会危害人体健康的食品添加剂，如溴酸钾、甘精和色素红色二号，本来都是合法的食品添加剂，后来因证实具有致癌性而被禁用。因此，就算是现今看来合法的食品添加剂，也难保未来不会因为有害人体而被禁用。

> ### 要诀4：
> ### 这样烹煮能减少食品添加剂

因为部分食品添加剂可在高温环境或水中溶出，所以在食材处理过程中，通过氽烫和泡温水的方法，也能或多或少地减少食品添加剂。

氽烫法

所谓的氽烫法，就是将食材放入沸水中烫一下，随即取出。氽烫法能减少加工食品中可能含有的防腐剂、漂白剂、杀菌剂、保色剂等危险物质，亦能去除面类制品可能添加的小苏打粉、磷酸盐。此外，氽烫法也可降低食物中的有害物质，例如蔬菜残留的农药。

适用食材：

A. 蔬菜类，如香菇、莴苣等；

B. 家畜类，如猪肉、牛肉等；

C. 家禽类，如鸡肉、鸭肉等；

D. 海鲜类，如鱼、虾等；

E. 面类，如彩色面条、油面等；

F. 加工食品类，如贡丸、素鸡、豆皮、香肠等。

方法：

A. 先将水煮沸后转至小火持续烹煮；

B. 食材用清水洗净后放入沸水锅中；

C. 在沸水中氽烫数分钟（以 1~3 分钟为宜），氽烫时间不宜过久，特别是蔬菜类；

D. 过程中可用细孔滤网或汤匙捞起水面上的杂质、泡沫、浮油，进行过滤；（煮火锅时，汤汁表面也会出现渣滓、浮泡及浮油，这很可能是从食材溶出的有害物质，因此吃火锅时，也最好捞除后再食用。）

E. 将食材捞出做后续的烹饪动作，氽烫过的水必须倒掉，勿再使用。

泡温水法

相对于氽烫法用高温减少食品添加剂，泡温水法则是慢慢将化学品溶出。这对于米面豆制品类食品如面筋、米粉、冻豆腐、豆皮，腌渍类食品如萝卜干、火腿、榨菜，和干货类如竹笙等较有效果。除减少化学添加剂外，也可用于降低食品中盐或糖含量，例如不加防腐剂的萝卜干只能用大量的盐防腐，为避免过量盐分，可以用泡温水法。

适用食材：

A. 米面豆制品类，如米粉、豆皮、面条等；

B. 腌渍食品类，如酸菜、腊肉、萝卜干等；

C. 干货类，如干香菇、干昆布、小鱼干、中药材等。

方法：

A. 将食材在流动清水中反复清洗 2~3 次，先洗去杂质与灰尘等可以残留物；

B. 先将水煮沸，再加入等量的冷水降温至 40℃ ~50℃；

C. 将食材放入锅内，让温水得以完全覆盖食材，勿再用该水进行料理；

D. 在流动清水下进行第二次的清洗浸泡。

要诀5：
利用简易试剂检验

试剂名称	检验项目	试剂颜色	验出的颜色变化	适用食品
双氧试剂	杀菌剂（过氧化氢）	无色	滴点处变成黄褐色	肉类、面条、丸类、火锅料、豆制品
亚硫试剂	漂白剂（亚硫酸盐、二氧化硫）	红色	滴点处变成无色	家禽肉品、水产品
皂黄试剂	工业用皂黄颜料	无色	滴点处变成紫红色	色泽较鲜黄的咸鱼及豆干
蓝吊试剂	吊白块	蓝色	滴点处变成淡黄色（依浓度而异）	水果切片
紫醛试剂	防腐剂（甲醛）	淡紫	滴点处变成橘红色	生鲜鱼虾食材
硝蔷试剂	保色剂（亚硝酸盐）	暗红色	滴点处变成蓝紫色或褐色（依浓度而异）	生鲜肉类及鱼类、加工肉制品及鱼肉制品
反腐试剂	防腐剂（去水醋酸）	深蓝色	滴点处变成绿色	面条、馒头、汤圆、年糕、发糕、布丁

02 非法添加物

苏丹红

本是工业燃料的苏丹红，却在食品生产中大行其道，作为添加剂掺杂在辣椒里，一串串红红火火的辣椒就此诞生。人们食用添加苏丹红的辣椒，健康乃至生命将受到威胁。

🌿 苏丹红是什么

苏丹红是一种人工合成的红色染料，广泛用于工业生产。作为一种人工色素，苏丹红并不能用于食品生产中。我国对食品添加剂有着严格的审批制度，严格规定"苏丹红"不能用于食品生产。不法商贩把苏丹红作为食用添加剂掺杂在辣椒里，是食品生产过程中的违法行为。

虽然人们很难辨别食品中是否掺杂有苏丹红，但是大可不必望"红"生畏，例如胭脂红、苋菜红等可食用色素类食品添加剂，是允许在食品中限量添加的。这类食品添加剂和苏丹红有着本质上的区别：食品添加剂在国家规定的范围内使用，不会有安全问题；苏丹红不属于食品添加剂，没有安全保障。

🌿 怎么鉴别健康辣椒

苏丹红作为化工原料添加到食品中，尤其是添加到辣椒加工中的现象十分普遍。究其原因，主要有以下两点：一是由于苏丹红具有保色作用，可以弥补辣椒久置褪色、变色的缺陷，使辣椒保持色泽鲜亮；二是将一些植物粉末用苏丹红染色后，充当辣椒或者混入辣椒中，降低成本以牟取巨额利润。鉴别健康辣椒可以从以下三个方面入手：

❶ 看: 天然的辣椒颜色自然，红中带黄，辣椒皮为红色，辣椒籽为黄色。如果辣椒的颜色全是红色，就可能添加了苏丹红。

❷ 捻: 天然的辣椒所含的色素是天然的，很容易洗掉。如果手上的红色不容易洗掉，就可能是工业染料染色的，即添加了苏丹红。

❸ 搓: 看看黄色的东西是不是都是辣椒籽打碎的颗粒，如果有黄色的薄片状物质，可能是打碎的玉米皮。

孔雀石绿

孔雀石绿，一出现就被"誉为"苏丹红接班人的致癌染料，在被不法商家大量用于水产品后，引发了广大媒体和公众的极大关注。

孔雀石绿在水产品中的非法使用

孔雀石绿是有毒的三苯甲烷类化学物，既是染料，也是杀菌和杀寄生虫的化学制剂，可致癌。

本品针对鱼体水霉病和鱼卵的水霉病有特效，现市面上还暂时没有能够短时间内解决水霉病的特效药物，这也是为什么这个产品在水产业这么多年还是禁而不止，水产业养殖户铤而走险继续违规使用孔雀石绿的根本原因。

除了对水霉病有特效外，孔雀石绿也可以很好地用于鳃霉病、小瓜虫病、车轮虫病、指环虫病、斜管虫病、三代虫病，以及其他一些细菌性疾病。农业部已将孔雀石绿列为水产上的禁药，不过非食用的观赏鱼还可以使用。

孔雀石绿对人体健康的影响

"孔雀石绿"中的三苯甲烷具有"三致"（致癌、致畸、致突变）作用。2002年，农业部已将其列入禁用药物清单，禁止用于所有食品。

孔雀石绿是一种"慢性毒药"，一旦摄入人体，不易排出体外，而是长久地残留在体内，对人体造成"储积式"的危害。一旦体内的孔雀石绿达到一定界限，就可能引发各种疾病，而且长期食用孔雀石绿具有潜在的致癌风险。

双氧水

卤菜因其色香味俱全，是深受人们钟爱的一道菜。然而，在这美味的背后，却掩藏着不可告人的健康危机。原本饱含特色风味的卤菜，却因添加了化学物质，而令人望而却步。

双氧水是什么

双氧水，化学名称叫过氧化氢，是一种无色无味的液体，可起到漂白、防腐和除臭等作用。因此，对于一些需要增白的食品，如海蜇、鱼翅、虾仁、带鱼、鱿鱼、水果罐头等，一些不法分子为了增强产品的外观效果，会在其生产加工过程中违禁使用双氧水。另外，对于一些易发霉发臭的水产干品，经过双氧水的浸泡，再添加人工色素或亚硝酸盐，重新出售的现象非常普遍。

双氧水的危害

双氧水会诱发基因突变，导致白内障、肺病，还可能加速衰老，引发老年痴呆、中风、动脉硬化和糖尿病等疾病。总的来说，双氧水对人体的危害主要有以下几点：

1 可致人体遗传物质损伤，引起基因突变，可致动物患癌。因此，对人类可能会产生致癌的威胁。

2 双氧水与老年痴呆尤其是早老性痴呆的发生或发展的关系密切。此外，还和帕金森综合征、中风、动脉硬化及糖尿病性肾病的发生密切相关。

3 双氧水是一种强氧化剂，会耗损人体的抗氧化物质，导致机体抗氧化能力下降，抵抗力下降，从而造成各种疾病，如白内障等眼部疾病。

4 双氧水通过呼吸道进入肺部，容易导致肺损伤；多次接触则可损伤人体毛发，出现头发变白、皮肤变黄等情况；食入双氧水可刺激胃肠黏膜，导致胃肠道损伤。

瘦肉精

猪肉可能是餐桌上出现频率最高的食物了，然而，如果是含有瘦肉精的猪肉，大家还敢吃吗？瘦肉精在国内被明令禁止，为何在国外却允许在一定范围内使用？

瘦肉精是什么

瘦肉精是一类叫作β-兴奋剂的药物，包括盐酸克仑特罗、莱克多巴胺、沙丁胺醇、特布他林、西巴特罗、盐酸多巴胺物质，这类药物能够促进瘦肉生长、抑制肥肉生长。将瘦肉精添加于饲料中，可以增加动物的瘦肉量，减少饲料使用，使肉品提早上市，降低成本；而且饲料中添加瘦肉精后，动物被屠宰后的肉色比较鲜红，不易有渗出液。

盐酸克仑特罗效果显著、价格低廉，是常用的一种瘦肉精。我国农业部1997年就明令禁止在动物饲料中添加任何瘦肉精类物质，如果瘦肉精被添加到食品中，就是食品非法添加物。但是个别企业非法制售和非法滥施瘦肉精的现象仍屡禁不止。

瘦肉精对人体健康的影响是什么

将盐酸克仑特罗作为饲料添加剂饲养肉猪后，会在肉猪组织中形成残留，其中在肝脏、肺脏、眼球、肾脏中残留量较高。人体摄入含盐酸克仑特罗的猪肉及内脏后，通过胃肠道快速吸收，食用15~20分钟后即起作用，2~3小时后在血中的浓度即可达到峰值，一般摄入极微量即可出现中毒症状。

急性中毒表现有面色潮红、头晕、心率加速、胸闷、四肢及面部肌肉震颤、呼吸困难、恶心、呕吐、腹痛等，中毒严重的可致人死亡。心律失常、高血压、糖尿病、甲状腺功能亢进者、青光眼病人吃了瘦肉精更容易发生急性中毒，加重原有疾病的症状。瘦肉精还具有诱发恶性肿瘤、使后代发生畸形、导致儿童性早熟等危害。

甲醇

白酒又称烧酒，属于蒸馏酒。白酒的乙醇（酒精）含量一般在40%~70%。有毒白酒是一些不法分子利用工业酒精配制而成，工业酒精中甲醇含量高，不宜饮用，对人体有害。

被错用的"酒精"——甲醇

我国规定，每升粮食酿造的白酒中，甲醇含量不能超过0.6克，而以薯干和代用品等原材料所酿造的白酒，甲醇含量不能超过2.0克。那么，甲醇到底是一种什么物质呢？甲醇就是结构简单的饱和一元醇，又称"木醇"或"木精"，是一种无色、容易挥发的液体，伴随着强烈酒精气味。甲醇有毒，饮用5~10毫升就能导致双目失明，大量饮用则会导致死亡。

甲醇中毒一般出现在饮用毒酒后的8~36小时，最初会感到头痛欲裂、步态不稳、全身乏力，紧接着会出现抽搐等症状，甚至昏迷不醒。甲醇对眼睛的损害也很明显，可导致视物模糊、畏光、视力减退、眼球疼痛，严重时导致双目失明和视神经萎缩。

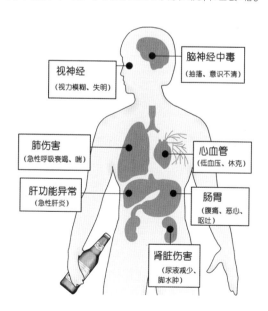

误服甲醇急性中毒怎么办

首先，进行催吐、洗胃、输氧。其次，输注葡萄糖注射液或生理盐水，静脉注射1%亚甲基蓝溶液10毫升，肌内注射1%~2%高锰酸钾溶液5.6毫升。

甲醇蒸气中毒者，应迅速移至空气新鲜处，一旦出现呼吸困难的现象，应实施人工呼吸，或者注射强心剂。如果甲醇不小心进入眼睛或渗入皮肤，则应立即用清水大面积冲洗。

三种酒绝对不能喝

① 病酒：原料依照规格，技术生产不变，但是因为各种主观和客观原因，在实际操作中以及产品后期包装的管理过程中出现严重偏差，导致质量存在缺陷的酒。

② 假酒：如用茶水和酒精制作而成的"洋酒"；用麦汁和酒精制作的啤酒；用"三精一水"（三精即酒精、香精、色素）配制而成的白酒。此类酒通常没有遵循产品的生产原则，生产工艺极为简单粗糙，因此质量低劣。但是，饮用假酒一般不会马上致残或致死。

③ 毒酒：使用毒性较大的"工业酒精"制作，甲醇含量高。饮用毒酒会对人体产生巨大危害，可能会快速致病、致残，甚至致死。

适当饮酒无伤大雅，但是过度饮酒则会对人体产生严重危害。尤其是市面上假酒、毒酒、劣质酒盛行，要想保证自身健康，就要学会自律。

吊白块

近年来，一些不法分子利用吊白块为食品增白的行为并不少见，如菜市场的"白豆腐""白腐竹""白馒头"屡屡是吊白块的添加对象。那么，吊白块究竟是什么东西呢？

吊白块是什么

吊白块是甲醛合次硫酸氢钠的俗称，也叫吊白粉，是生产染料的原料，还用于合成橡胶、制糖等。吊白块不能用于食品，如果添加到食品中，就是食品非法添加物。一些不法商贩将吊白块用作面粉、粉丝、腐竹、竹笋等食品的增白剂，以达到增白、保鲜、增加口感和防腐的目的。

吊白块对人体健康的危害

吊白块在加热之后，会分解出剧毒的致癌物质，比如甲醛。不慎食用后会引起胃痛、呕吐和呼吸困难，并对肝脏、肾脏、中枢神经造成损害，严重的还会导致癌变和畸形病变。事实上，除了腐竹，在其他的淀粉制品中都存在违法添加吊白块的可能，如豆腐、豆皮、米粉、鱼翅、糍粑等。

"吊白块"食品的鉴别

选购豆腐时，如果豆腐相当白嫩、色泽相当晶莹，就要注意了。因为正常豆腐本身略带微黄色，色泽太白就有可能是添加了吊白块。

选购馒头时，首先要会看，好的馒头呈现乳白色或米黄色，而添加了"吊白块"的馒头，往往是雪白的颜色；其次要闻气味，好的馒头一般都有一股清香的麦香味；最后捏一捏，自然的馒头柔软且有弹性，握紧松开后，很快就能展开，恢复原状。

chapter

8

专家指路，
食材去毒有妙招

　　我们每天密切接触的食物中有很多都含有天然毒素与污染，如果烹饪处理不当，很容易导致食物中毒。那么，到底有哪些常见的天然毒素和污染来源呢？它们的毒性如何？我们又该如何预防和处理呢？本章将介绍食材中常见的天然毒素和污染，并告诉大家去毒方法。

01 食材中的有害物质

在我们每天密切接触的食物中，有很多都含有天然毒素。如果烹饪处理不当，很容易导致食物中毒。此外，自然界的微生物、化学物质、放射性物质都可能污染食材。

食材有毒风险1：常见的天然毒素

天然毒素是指生物体本身含有的或生物体在代谢过程中产生的某些天然有毒成分，有些植物的天然毒素是储存条件不当形成的。这些天然毒素被人体食用后都可能会产生危害，引起食物中毒。

🌿 常见植物性食品中的天然毒素

① 蕈毒素，即毒蘑菇中的天然毒素。

② 生物碱，即一类含氮有机化合物，常见的包括茄碱、秋水仙碱。

③ 毒蛋白，常见的包括植物凝集素、蛋白酶抑制剂。

④ 苷类，又称配糖体或糖苷，如皂苷、氰苷。

⑤ 草酸及草酸盐、植酸及植酸盐等。

🌿 常见动物性食品中的天然毒素

① 河豚毒素。

② 贝类毒素。

③ 组胺。

④ 动物内脏或腺体中的天然毒素。

食材有毒风险2：食品中的生物污染

人们常说："不干不净，吃了没病。"不干净的食物，吃了之后真的不容易生病吗？事实上，这句话没有科学依据。不干净的食物含有多种致病微生物，其中，食物中毒就是因为吃了被污染的食品引起的急慢性疾病。

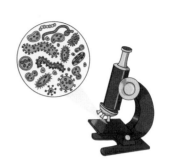

🌿 什么是食品的生物性污染

食品的生物性污染是指食品受到细菌及其毒素、霉菌及其毒素、病毒、寄生虫及其虫卵的污染。其中，细菌及其毒素是最为常见的污染源，致病菌可引起急性中毒，非致病菌一般不会引起疾病。但是，非致病菌容易引起食物腐败变质，因此，非致病菌又叫作腐败菌。

🌿 不同人群的防御措施

因为不同人群自身身体状况不同，对污染物的抵御能力也不同，所以针对不同的人群，需要开展相应的防御措施。

儿童	女性	老年人
儿童时期是生长发育的重要时期，此时必须为身体的各个器官打下一个坚固的基础。在日常饮食中，注重补充蛋白质，辅以含有矿元素的食品。另外，食谱以蔬菜和谷类为主的同时，需要适量补充优质的肉类食品。	鉴于女性特殊的生理状况，应注意摄入含铁较多的食物。此外，应注意补充蛋白质，可以缓解疲劳，增强身体机能。	进入老年时期，身体功能处于一生当中最低的活性状态。此时，应以钙类食品和蛋白质食品为主。

微生物——食品污染的刽子手

随着如今问题食品的频繁曝光，食品安全越来越受到大众的特别关注。在众多的问题食品中，微生物污染引起的食物腐败变质，进而导致进食者食物中毒屡屡发生。微生物带来的食品安全危机应引起大家的重视，但是，你了解过微生物污染吗？

常见的微生物污染

微生物包括细菌、病毒、真菌、寄生虫等一大类生物群体，通常它们个体非常微小，肉眼无法看到或看不清楚，需要借助显微镜才能观察到。

微生物污染后的食品卫生质量下降，同时会危害人体健康。从食品卫生角度，微生物污染可分为：

Ⓐ 致病菌、人畜共患病原菌、产毒真菌和真菌毒素。

Ⓑ 相对致病菌，通常情况下不致病，只有在特殊条件下才具有致病力的细菌。

Ⓒ 非致病性微生物，包括非致病菌、不产毒真菌和常见酵母等。

微生物污染食品的途径

食品中微生物污染的途径大体可分为两大类：凡是动植物体在生活过程中，由于本身带有的微生物而造成的食品污染，称为内源性污染；食品原料在收获、加工、运输、贮藏、销售过程中使食品发生污染，称为外源性污染。

A 土壤

　　土壤中微生物的数量众多，其中主要是细菌，其次是放线菌、毒菌、酵母，另外也可能有藻类和原生动物。土壤中的微生物一方面可污染水源、空气及作为食品原料的动、植物表面或内部，同时土壤是一个开放的环境，也不断地遭受污染。

B 空气

　　空气中的微生物主要来自土壤、水、人体呼吸道、消化道的排泄物和动植物体表的脱落物等，空气中的微生物主要为霉菌、放线菌的孢子和细菌的芽孢及酵母；不同环境空气中微生物的数量和种类有很大差异；公共场所、街道、畜舍、屠宰场及通气不良处的空气中微生物数量较多；空气中的尘埃越多，所含微生物的数量也就越多。

C 水

　　食品加工中，水不仅是微生物的污染源，也是微生物污染食品的主要途径。如果使用了微生物污染严重的水做原辅料，则会埋下食品腐败变质的隐患。在原料清洗中，特别是在畜禽屠宰加工中，即使是应用洁净自来水冲洗，若方法不当，自来水仍可能成为污染的途径。

D 人、动物自带

健康人体的皮肤、头发、口腔、消化道、呼吸道均带有许多微生物。由病原微生物引起疾病的患者体内会有大量的病原微生物，它们可通过呼吸道和消化道向体外排出；人体接触食品就可能造成微生物的污染，狗、猫、蟑螂、苍蝇等的体表及消化道也都带有大量的微生物，接触食品同样会造成微生物的污染。

E 加工机械设备

各种加工机械设备本身没有微生物所需的营养物，但当食品颗粒或汁液残留在其表面时，使微生物得以在其表面生长繁殖。这种设备在使用中会通过与食品的接触而污染食品。

F 包装材料

各种包装材料，如果处理不当也会带有微生物。一次性包装材料比循环使用的微生物数量要少。塑料包装材料由于带有电荷，会吸附灰尘及微生物。

G 原料及辅料

健康的动、植物原料表面及内部不可避免地带有一定数量的微生物，如果在加工过程中处理不当，容易使食品变质，有些来自动物原料的食品还有引起疫病传播的可能。原辅料中的微生物一方面来自于生活在原辅料体表与体内的微生物，另外来自于在原辅料的生长、收获、运输、贮藏、处理过程中的二次污染。

无处不在的细菌性食物污染

生活中最常见的食物污染就是细菌性食物污染。诸如肉类、水产品等食品，本身就带有大量细菌，再加上在生产、加工、贮藏、销售过程中容易受到各种微生物的再次污染，从而感染细菌，包括很多致病菌。

 细菌污染食品的四个途径

Ⓐ 食品原料的污染：食品原料在种植、养殖、捕捞、屠宰的过程中，会不同程度地受到来自外界的污染。食品种类不同，受污染的严重程度也有所差别。

Ⓑ 食品在中间环节受到污染：食品的生产、加工、储存、运输、销售过程中，原料和成品、工具容器混放等情形极易造成交叉污染。

Ⓒ 食品从业人员造成的污染：如果在食品的操作流程中，相关从业人员没有按照规范和要求进行工作，或者自身带有致病菌，则很容易污染食品。

Ⓓ 食品的烹调温度不够：食品的烹调温度不够或者时间不够，食品就不能烧熟煮透，致病菌没有杀灭，继续存在于食品中，就会继续生长繁殖，从而导致食物腐败变质。

 食品细菌污染的危害

Ⓐ 导致食品腐败变质：食品受到细菌污染，极易引起腐败变质。腐败变质的食品感官性状发生变化，如发出奇怪的气味、出现异常的颜色等，从而使人丧失继续食用的欲望。

Ⓑ 食品失去营养价值：细菌污染会破坏食品的营养成分，导致蛋白质、维生素、脂肪等严重流失，最终丧失营养价值。

Ⓒ 引发食物中毒：食品受到污染后，在合适的条件下会繁殖出大量的致病细菌，并产生致病毒素，从而引发食物中毒。

Ⓓ 致癌、致畸、致突变：细菌性食物污染会给人体带来一些潜在的危害，具有致癌、致畸、致突变的可能。

③ 小心身边的细菌性食物

Ⓐ 买熟食记得检查包装： 购买包装食品，尤其是可以直接进食的熟食时，一定要认真检查包装是否存在破损、膨胀等现象，避免食物在运输、存放期间被致病菌污染。

Ⓑ 生熟分开： 食物在加工、储存过程中，要生熟分开，防止食物二次污染。

Ⓒ 肉食、水产要煮熟： 肉类、水产品等食物是最容易引发细菌性食物中毒的，买回后，必须煮熟煮透才能食用。

Ⓓ 尽量不买切开或削皮的果蔬： 水果表面附带多种污物，如果没有经过消毒处理，可能有沙门菌等细菌。当用刀具切开水果时，果皮上附带的细菌就会跟随刀具污染果肉。超市的水果大多存放在常温下，这就给细菌的增长提供了有利条件。

🌿 让人又爱又恨的霉菌

在我们的日常生活中，霉菌随处可见，其中大多数都是人类的"好朋友"。如酱油、腐乳等深受人们喜爱的食品，都是在霉菌的作用下制作出来的。但是，也有一些霉菌是人类的"敌人"，会给人类健康造成威胁。

 引起食物中毒的霉菌

霉菌是指呈毛绒状或蜘蛛网状的真菌，并不是专指某种真菌，而是一大类真菌的统称。霉菌在自然界分布极广，尤其是在阴暗、潮湿、高温的环境中。霉菌的营养来源主要是糖、少量的氮和无机盐，因此最易在粮食、水果等食品中发现。霉菌会导致食品腐败变质，使其失去原来的色香味，降低其营养价值。有些霉菌含有霉菌毒素，容易引起食物中毒，极易危害人体健康。

霉菌毒素是霉菌在合适的条件下产生的次生代谢产物，一般的加工处理方法无法完全消除霉菌毒素。而一旦人体内的霉菌毒素达到一定界限，就会引发中毒症状。一次性摄入含有大量霉菌毒素的食物，常会引发急性中毒；而长期摄入含有少量霉菌毒素的食物则会导致慢性中毒，甚至致癌。

自从 20 世纪 60 年代发现强致癌物质——黄曲霉毒素以来，霉菌与霉菌毒素所造成的食品安全问题日益凸显。霉菌毒素通常耐高温，无抗原性，多数具有致癌作用，进入人体后，会减少细胞分裂，抑制蛋白质合成，抑制 DNA 和组蛋白形成复合物，影响核酸合成，降低免疫力。

2 霉菌及其毒素对食品的污染

A 霉菌污染引起食品腐败变质

霉菌一旦找到合适的基质和条件，污染食品后，极易引起食品腐败变质。腐败变质的食品不仅会发生颜色和味道上的变化，还会降低食用价值，导致食品的品质下降。据悉，全世界每年平均至少有2%的粮食因为发生霉变而不能食用，造成巨大的经济损失。

B 霉菌毒素中毒

如果摄入含有霉菌毒素的食物，则会引起霉菌毒素中毒。食品受到霉菌毒素污染不一定都能检测出来，这是因为霉菌毒素只有在一定的条件下才产生毒性。另外还有一种情况，食品中检验出霉菌毒素，但分离不出产毒菌株。这是因为，产毒菌株在食品加工或贮藏过程中就已经死亡，而毒素却不能被破坏。一般来说，谷物粮食、发酵食品等食品中含有较多的产毒霉菌菌株，而肉蛋等动物性食品中则很少含有产毒菌株。

3 霉菌毒素污染食品大不同

霉菌污染食品，特别是霉菌毒素污染食品不仅会造成很大的经济损失，还会造成严重疾病甚至死亡。

研究表明，癌症发病率的高低和人们是否食用了含有霉菌毒素的食物以及摄入的霉菌毒素量有关。因此，从某种意义上说，不食用含有霉菌毒素的食物就可以大大降低癌症的发病率，避免癌症的发生。

此外，霉菌毒素中毒还和人们的饮食习惯、生活环境有关，因此，霉菌毒素中常表现出较为明显的地方性和季节性。

霉菌毒素中毒的临床表现较为复杂，有一次性摄入过量引起的急性中毒，也有长期少量摄入引起的慢性中毒，严重者可诱发癌肿，导致体内遗传物质突变。

 家庭食物防霉有方法

受霉菌污染的食品不仅变色变味，脂肪含量减少，蛋白质受到破坏，氨基酸含量下降，更会产生霉菌毒素。霉菌毒素一旦进入人体，就会影响人体健康甚至危及生命，因此，食物必须防霉。

现将常见食品防霉变的几种方法介绍如下：

A 加热杀菌法	当温度达到80℃，持续20分钟，大多数霉菌即可被杀灭。霉菌的抗射线能力较弱，可用射线杀灭霉菌。值得注意的是，黄曲霉毒素耐高温，巴氏消毒通常不能破坏其毒性。
B 低氧保藏法	霉菌是一种耐氧微生物，生长和繁殖都需要氧气的供应。因此，瓶装食品在灭菌后，可以加入氮气或二氧化碳，进行脱氧处理或油封等。只要造成缺氧环境，就能有效防止霉菌的生长和繁殖。例如，在酱油瓶里滴入一层麻油，在腌制食品的表面均匀地抹上少许香油，在醋瓶内加入少许芝麻油，将干货放入密封的容器内保存。只要让食物和空气隔绝，就能防止霉菌生长。
C 低温防霉法	如肉类食品，0℃的条件可以保存20天不变质；保存年糕的水温保持在10℃以下，即可防霉变。

135

🌿 可怕的病毒性食品污染

　　病毒主要是指肠道病毒，如甲型肝炎病毒、脊髓灰质炎病毒、埃克病毒等不仅会污染食物，还会通过食物传播。病毒可以直接也可以间接污染食物，虽然不能在食物上进行繁殖，却能在食物上停留较长一段时间。

① 教你认识病毒

病毒体积比细菌更小，由一层蛋白质外衣包裹核酸组成。病毒一旦吸附在易感细胞上，就会将其核酸注入细胞中，从而在寄主体内产生成百上千的病毒。

病毒一般不能在食物中进行繁殖，只能简单地存在，而在已经被污染的食物中可以停留相当长的时间。食物中的病毒不容易被检测出来，因为只有当病毒置于易感细胞中时，数量才能大量繁殖，活动能力才有所增强。

② 能有效抵抗病毒的食物

Ⓐ 大蒜：可以抗菌消炎，调节血糖浓度，抗高血脂和动脉硬化，抗血小板凝集。建议每日生吃大蒜 3~5 克。

Ⓑ 生姜：对抗凝血、降血脂、预防脑中风有很好的作用。把生姜切成薄片生吃，效果更好。

Ⓒ 芦荟：芦荟和大蒜一样能够清热、排毒、缓泻、抗菌、消炎、增强免疫力、保护肠胃功能，还能美容护肤。

Ⓓ 牛奶：牛奶中的酪蛋白和卵清蛋白可以增强呼吸道和内脏器官抗感染的能力，防止病毒和细菌黏附到呼吸道上。

Ⓔ 螺旋藻：螺旋藻可以使人体处于碱性状态，从而提高人体免疫力，具有抗肿瘤作用。

昆虫也会导致食物污染

如果粮食的贮存条件不合格，在缺少防虫设备的情况下，食品极易受到昆虫的污染。为何昆虫会加害于食品呢？人体摄入被昆虫污染过的食品后，会带来哪些不良后果呢？

 会污染食物的常见昆虫

A 苍蝇

苍蝇身上携带有数以万计的细菌、病毒和寄生虫卵。苍蝇有边吃边拉的习性，所以飞到哪里，哪里的食物就会受到污染。当人们吃了被污染的食物，容易感染肠道疾病或寄生虫病。预防苍蝇传染疾病，应以环境治理为主，尽量不让苍蝇出现。厨房做过饭后，一定要及时清洗菜板、碗筷等。剩下的食物一定要密封，不给苍蝇污染的机会。

B 蟑螂

蟑螂尤其喜欢含有淀粉的食物，它们在爬过食物时，往往会将自身携带的病原微生物留下。和苍蝇一样，蟑螂也是边吃边拉，极易污染食物。人吃了被蟑螂污染的食物，可引发严重的肠胃炎或痢疾。蟑螂在取食时会分泌出带有臭味的液体，破坏食物味道，对于体质较为敏感的人来说，一旦接触到蟑螂的分泌物，就会产生过敏反应。

C 腐食酪螨

腐食酪螨体长280～350微米，表皮光滑，四肢颜色会随食物变化，如在面粉中通常是白色的。腐食酪螨主要存在于脂肪和蛋白质含量较高的食物中，如稻谷、大米、小麦、红糖、白糖、红枣等。

椭圆食粉螨体长480～550微米，足呈红棕色或褐色，与其白而光亮的身体形成鲜明对比，故又叫作褐足螨。椭圆食粉螨是一种非常普遍的储藏物螨类，最常见于各种储藏类粮食中，如稻谷、大米、小麦、麸皮、黄豆等。螨虫容易引起过敏，而面粉中的螨虫却常被人忽视。一旦粉螨进入人体，则会出现体质变差、食欲不振等症状。

2 昆虫的危害

蚊子、跳蚤等是人们生活中最常见的昆虫，它们不仅吸食人血，导致皮肤损伤，甚至还会传播疾病，危害人体健康甚至生命，如蚊虫传播疟疾，跳蚤传播鼠疫，苍蝇传播肠道传染病等。

有些昆虫本身就是病原体，可以直接致人生病，如苍蝇的幼虫寄生在人体内，会引起蝇蛆病；有些昆虫会分泌毒素，人体一旦接触昆虫的毒毛、体液等，就容易引起过敏，严重者甚至导致死亡。只有分清昆虫的种类、形态、生活习惯等与疾病产生的关系，才能采取相应的防御措施，有效控制昆虫给人体带来的危害。

　　昆虫因为飞行便利，极易传播疾病。当它从一处飞往另一处时，会将身上带有的脏东西，包括细菌、病毒、寄生虫等带给新的食物，由此，昆虫引起的食物污染显而易见。当食物受到污染，不仅容易出现腐败变质，还会给食用者造成疾病困扰。因此，在生活中，我们必须重视食品加工场所的防虫设施。

 # 功过参半的真菌

　　自然界中的真菌分布广泛，种类繁多。一直以来，人们不仅利用真菌制造食品，而且在工业、农业、卫生等方面也有显著应用。这些造福于民的真菌不仅可以提供美味，而且可以治疗疾病。但是，也有一些真菌会对植物、动物、人类造成重大伤害。

① 真菌是细菌的一种吗

　　随着生活水平的提高，人们对于卫生环境的要求也随之提高。相信很多人都知道细菌会导致疾病，人们也总是用"有细菌"来形容脏乱差的地方。那么，真菌又是怎么回事呢？它属于细菌的一种吗？真菌和细菌一样，体积微小，同样会危害人体健康。但是，真菌和细菌有着本质区别。

　　真菌有十万余种，其中能造成危害的仅是很少一部分，绝大多数真菌对人类是有益的，如醋、酱油、腐乳等都需要利用真菌发酵。此外，农业上的饲料、工业上的酶制剂、医药上的抗生素等都离不开真菌。甚至有的真菌本身就是美味的食物，如香菇、蘑菇、黑木耳等。

2 容易被真菌毒素污染的常见食物

A 花生： 黄曲霉是花生壳上最常见的一种真菌，可产生有致癌作用的毒素——黄曲霉毒素，霉变的花生中就带有大量黄曲霉毒素。用霉变的花生制成的食品，如花生油、花生酱等也含有黄曲霉毒素。此外，大部分坚果中都含有黄曲霉，如核桃、榛子、开心果等，只是这类食物受黄曲霉毒素危害程度相对较轻。

B 粮食： 粮食中往往含有多种真菌毒素，如玉米赤霉烯酮、单端孢霉素类、赭曲霉毒素 A 和黄曲霉毒素等。尤其是在气候比较温暖的地区，粮食收割后，水分随之散失，多种真菌毒素便聚集在粮食里。

C 烘烤食品： 烘烤食品中带有真菌毒素，主要来自于两个方面：一是烘烤食品的原材料面粉中含有真菌毒素；二是成品在后期的加工、储藏等环节中产生了真菌毒素。空气中含有大量真菌，这就使得二次污染成为烘烤食品含有真菌毒素的重要原因。

D 水果及其制成品： 酸性水果及其制成品中，常含有的真菌毒素主要是展青霉素和丝衣霉酸，表现为水果表面呈棕色斑点状。用含有真菌毒素的水果制成的果汁、干果中也常含有真菌毒素，如干无花果中就含有黄曲霉毒素。

E 牛奶及其制成品： 如果是使用本身就含有毒素的牛奶为原料加工而成的食物，如酸奶、奶酪等，含有毒素的可能性就非常之大。再者，储存不当、人工污染等问题会使得牛奶制成品发生霉变，进而带有真菌毒素。人们很难观察到牛奶制成品中是否含有毒素，但是一旦食用霉变的牛奶，就可能危害人体健康。

保存粮食、花生等食物时，要注意环境的温度和水分，尽量保持干燥，低温贮藏，有效防止真菌的生长和繁殖。此外，食品不宜积压过久。对于已经腐败变质的食物，不应再食用，并且要及时进行隔离和清理。

真菌毒素中毒症状

受到真菌污染的食品，经过加热处理也无法破坏其中的真菌毒素。但是，真菌毒素不具有传染性和免疫力，其生长和繁殖以及毒素的产生需要一定的温度和湿度，因此，真菌毒素中毒往往呈现明显的季节性和地区性特征。

目前，人类对真菌及其毒素的研究还处于探索阶段，同时，真菌中毒情况非常复杂，一种真菌可带有多种毒素，一种毒素又可存在于多种真菌中，因此真菌性食物中毒往往表现出相似的症状。

一般来说，急性真菌性食物中毒潜伏期短，早期出现肠胃不适的症状，表现为恶心、呕吐、腹胀、腹痛等；根据不同真菌毒素的特性作用于肝脏、肾脏、神经、血液等组织器官，如出现肝脏肿大、肾衰竭、中枢神经麻痹等。而慢性真菌性食物中毒除了会损伤肝肾功能及血细胞外，还会引起癌症。

五种天然抗生素食物

Ⓐ 茴香： 茴香中的茴香醚具有抗菌功效，可以抑制大肠杆菌、痢疾杆菌等，从而预防多种感染性腹泻，有利于炎症和溃疡的恢复。因此，在饮食中加入茴香，除了调味功能外，还是防治疾病的好方法。

Ⓑ 马齿苋： 研究表明，马齿苋对大肠杆菌、痢疾杆菌、伤寒杆菌等均有较强的抑制作用，尤其是痢疾杆菌。因此，患有急慢性痢疾肠炎、膀胱炎、尿道炎者可以多吃马齿苋。

Ⓒ 姜： 研究表明，生姜中主要含有姜黄素和挥发油两种抗菌物质，它们都有较强的抑制真菌作用，同时还能抵御沙门菌。在气候炎热的季节，容易引发急性肠胃炎，此时适量吃些生姜可起到一定的防治效果。

Ⓓ 蒜： 所有食物中，大蒜的杀菌、抑菌作用是最强的。大蒜中含有的大蒜素对葡萄球菌、链球菌、皮肤真菌有一定的抑制作用，可以抗菌消炎；同时还能预防感冒，减轻发热、咳嗽、鼻塞等感冒症状。

Ⓔ 洋葱： 洋葱里的硫化合物是强有力的抗菌成分，能杀死包括造成蛀牙的变形链球菌。建议每天吃半颗生洋葱，不止预防蛀牙，还有助于降低胆固醇、预防心脏病及提升免疫力。

食材有毒风险3：食品中的化学物污染

化学污染是食品污染中的一个很重要的污染形式。化学污染主要是指果蔬中的农药残留、激素残留或者给动植物治病的药物残留等，当这些化学物质通过食物进入人体后，它们就会损害人体组织；还有一些重金属对食品的污染，同样会损害机体健康。

🍃 自然环境污染

在动植物的生长过程中，由于呼吸、吸收、饮水等都可能会使环境污染物质进入或积累在动植物体中，从而进入人的食物链，对食品造成污染。食品中的化学性污染常以水中的重金属污染为主。

🍃 工业三废污染

不论是工业废水、废气，还是废渣，它们接触农田或农作物后，都会带来严重的污染。工业三废中含有化学原料、重金属等致癌、致畸物质，可以通过食物链转移到人体中，对人体健康形成威胁。

从行业的角度看，造纸、化工、纺织、食品、热电、冶金、煤炭、材料、核燃料和石化是工业废水排放量较大的行业，其中排在首位的是造纸业，其废水排放量占到全国工业废水排放总量的18.58%。长期以来，我国对于工业废水的处理采用的是企业自行治污的模式，即企业自行构建污水处理设施，配置专门机构和人员负责设施运营和维护。但是因为工业废水处理技术复杂，需要专业化的运营管理，这种模式的治理效果并不理想。

石块、煤渣、锅炉渣等工业废弃物也会对食品行业造成严重的污染。

农用化学品和兽药的污染

农药、兽药、生长调节等农用化学品的大量使用，从源头上给食品安全带来极大隐患。全国每年氮肥的使用量高达2500万吨，农药超过130万吨，单位面积使用量分别是世界平均水平的三倍和两倍。过量使用化肥会造成蔬菜中硝酸盐积累量增加，对人体造成危害。农药残留超标，兽药、生物激素和生长促进剂使用不当，以及养殖环境的污染，都会造成大量含有危害物质的粮食、蔬菜、水果、肉制品，以及乳制品等不合格产品充斥着市场。

农药残留

农药残留是指使用农药后，残存在植物体内、土壤和环境中的农药及其有毒代谢物的量，如果违反国家关于农药使用的规定，就会造成农药残留现象。一旦人们摄入含有农药毒性的食物，就会对人体健康造成重大损害。

1 **食品中的农药残留成分**

A 有机氯农药残留	食品中的有机氯农药残留现象相当普遍，有机氯农药的化学性质稳定，不易降解，因而容易通过食物进入人体。有机氯进入人体后，多贮存在脂肪含量高的部位。一般而言，动物性食品中的有机氯农药残留远远大于植物性食品。有机氯农药是一种中低等毒性的农药，主要会损伤神经系统和肝肾功能。如果长期低剂量摄入有机氯农药，可导致慢性中毒。
B 有机磷农药残留	有机磷农药是我国农药使用中最主要的一类，是一种高效、低毒、低残留的品种。有机磷农药的化学性质不稳定，容易被分解，在作物中停留时间较短。有机磷农药主要污染植物性食品，尤其是含有芳香物质的食品，如水果、蔬菜等。有机磷农药是一种神经毒剂，大量摄入可导致急性中毒，长期摄入则可引起慢性中毒，造成神经系统、血液系统损伤。

C 氨基甲酸酯类	此类农药既可做杀虫剂，又可做除草剂，在作物上残留时间一般为4天左右，而在动物脂肪中的残留时间则为7天左右。氨基甲酸酯类进入人体后，在酸性条件下，可与食物中的硝酸盐和亚硝酸盐生成亚硝基化合物，引发癌症。
D 菊酯类农药	菊酯类农药虽然降解速度快、残留浓度低，但是如果农作物频繁采收，也容易造成污染。

清除农药残留的方法

Ⓐ **浸泡水洗法：** 浸泡水洗是清理瓜果蔬菜污物和农药残留的基本方法，尤其是叶类蔬菜，如菠菜、白菜、生菜等。对于这类蔬菜，需先用水冲掉表面附着的污物，然后再用清水浸泡不少于10分钟。果蔬清洗剂有利于农药的分解，浸泡时可以加入少量果蔬清洗剂，但浸泡后一定要用清水冲洗2~3遍。

Ⓑ **碱水浸泡法：** 有机磷杀虫剂在碱性环境下可以迅速分解，因此，采用碱水浸泡法能够有效去除有机磷农药残留。首先将果蔬表面的污物冲洗干净，然后将果蔬放入碱水中浸泡5~15分钟，再用清水冲洗3~5遍。

Ⓒ **储存法：** 随着时间的推移，农药会慢慢降解成为对人体无害的物质，因此，对于易保存的果蔬可以通过一定时间的存放来减少农药残留量，如苹果、冬瓜等不易腐烂的食物，一般可以存放15天以上。此外，刚采摘的未削皮水果可能会含有农药，不应立即食用。

Ⓓ **加热法：** 高温可以加速农药的分解，因此，对于一些不好处理的果蔬，如芹菜、菠菜、白菜、菜花、豆角等，可以通过加热法去除部分农药。首先用清水清洗蔬菜表面污物，然后放入沸水中焯煮2~5分钟捞出，再用清水冲洗1~2遍。

根据不同的果蔬种类，选择相应的处理方法，也可综合以上几种方法，效果更佳。

🌿 滥用氮肥

化肥因纯度高、见效快、使用方便等优点，在现代农业生产中得到广泛应用。氮肥是化肥中用量最大的一种。农作物在种植过程中，施用氮肥是否合理直接决定了农作物的产量和质量。

氮肥中的氮元素是植物氨基酸的组成部分，是蛋白质的构成成分，也是影响叶绿素作用的重要因素。因此，氮肥的使用对于作物的生长有着至关重要的作用，它不仅可以提高农产品的产量，还能提高农产品的质量。

因此，只有充分了解氮肥的种类和性质，才能采用合理安全的施用方法，在减少氮元素对环境破坏的同时，提高氮元素的利用率。

对于土壤而言，化肥使用充足且恰当，土壤吸收的营养全面而丰富。但是"营养过剩"就会打破土壤体系的平衡，导致农作物"生病"。以黄瓜为例，如果氮肥施用不足，就会造成产量低、品质差等现象；如果氮肥施用过多，又会导致产量下降、口味变差等问题。

新鲜蔬菜中往往带有农药、化肥等有害物质，因此必须经过相应的处理，或者冷藏，或者加热，等到有毒物质降解以后再食用。在处理卷心菜、大白菜等"封闭式"蔬菜时，首先要将其表层叶片剥掉，冲洗后放入冰箱保存；而对于菠菜、芹菜等"开放式"蔬菜，则需要用弱碱性洗涤剂冲洗，去除农药残留后再放入冰箱冷藏。

氮肥太多会导致组织柔软，茎叶徒长，易受病虫侵害，耐寒能力降低；缺少氮肥则植株瘦小，叶片黄绿，生长缓慢，以及不能开花等。

兽药残留

兽药残留是指动物性食品中含有母体化合物或代谢物，以及与兽药有关的物质残留。动物性食品中常见的兽药残留主要有激素类、抗生素类和驱虫类药物。

1 动物性食品的兽药残留来源

兽药的使用可以有效降低禽畜的患病率和死亡率，还能提高饲料的利用率，改善禽畜肉质，因而，兽药在畜牧业中的应用十分广泛。所以，动物性食品的兽药残留来源主要有以下三个方面：

A 在防治禽畜疾病的过程中，没有严格按照兽药的使用对象、使用期限、使用剂量等要求，滥用药物，造成动物体内兽药含量超标。

B 在饲养禽畜的过程中，使用违禁药物，尤其是把一些激素类药物、抗生素药物混合到饲料中，试图预防病原微生物感染，在无形中导致兽药残留。

C 在食品的生产过程中，食品生产者为了达到灭菌、延长保质期的目的，非法使用抗生素，也可导致兽药在食品中残留。

通常情况下，动物体内的兽药会随着时间的推移或代谢排除体外，即兽药浓度会随着时间的延长逐渐降低。但是，由于兽药的使用剂量以及存在于动物体内不同的器官和组织含量的差异，使得动物体内各部位对农药的消除程度不同，如肝脏、肾脏等，兽药的浓度相对较高。

建议大家在购买动物性食品时，到正规的商场、超市购买，不要在街边小店购买。此外，如果是自己烹食肉类，要尽量延长烹煮时间，以使兽药失活。

兽药残留对人体的危害

Ⓐ 毒性作用： 摄入兽药残留的动物性食品后，一般不会发生急性中毒反应。但日积月累，兽药残留会在人体内慢慢沉积，当浓度达到一定量后，就会产生毒性作用，进而导致人体各个器官的病变，对人体造成危害。

Ⓑ 过敏反应： 经常食用含有兽药成分的食物，容易出现过敏反应。因为兽药中含有青霉素、四环素、磺胺类药物等抗生素，具有抗原性，会刺激人体形成抗体，从而造成过敏反应，主要表现为血压下降、喉咙水肿、呼吸困难等，严重者会引起休克。

Ⓒ 细菌耐药性： 细菌耐药性是指有些细菌菌株会对能够抑制其生长繁殖的某种抗菌药物产生耐受性。如果动物经常接触某一种抗菌药物，其体内的菌株就会受到选择性抑制，使得耐菌菌株大量繁殖。如果长期食用含有药物残留的动物性食品，动物体内的耐药菌株就会传播到人体，这样一来，当人出现感染性疾病时，会增加治疗难度。

Ⓓ 菌群失调： 正常情况下，人体肠道内的菌群由于长期存在，已经在体内形成一个良好的生存环境，某些菌群可以有效抑制其他菌群的过度繁殖，从而维持平衡。然而，如果过多摄入某种药物可能会打破这种平衡，造成菌群失调，导致腹痛、腹泻等不适。

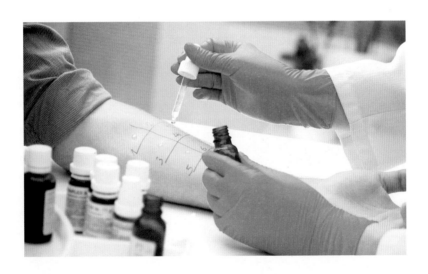

🌿 激素残留

激素对机体的代谢、生长、发育和繁殖等生理活动起着重要的调节作用，是生命中的重要物质。但是，外源性激素的干扰使机体的内在激素水平波动，会影响正常的生理活动。

你敢动我吗？！

1 兽用激素

兽用激素主要包括皮质激素和同化激素两大类。皮质激素可以使肉类食物的品质看起来鲜嫩多汁、瘦肉含量高；同化激素能够促进蛋白质合成，改善吸收不良、消耗过多等情况，提高饲料转化率，显著提高经济效益。这两种激素看似对禽畜生产有利，但人食用后对身体健康非常不利，我国从20世纪90年代起就禁止在禽畜饲养过程中添加这两种激素。

2 去除摄入激素的方法

A 常饮新鲜果蔬汁： 新鲜的蔬菜水果是天然"清洁剂"，能有效解除体内堆积的毒素和废物。

B 常喝绿豆汤： 绿豆能帮助排泄体内的毒物，促进机体的正常代谢。

C 常吃猪血： 猪血中的血浆蛋白，经过胃酸和消化液中的酶分解后，会产生一种解毒和滑肠作用的物质，与侵入胃肠的粉尘、有害金属微粒等毒素发生化学反应，变为不易被人体吸收的废物，通过粪便排出体外。

D 常吃菌类植物： 黑木耳和菌类植物有良好的抗癌作用，并且能清洁血液，有很好的解毒功效，经常食用能有效清除体内污物。

激素残留对身体的危害

　　激素大多有生物富集作用，容易通过食物链在人体内聚集，对人体健康产生威胁。激素对身体的危害具有隐蔽性，易造成实质性危害而难以逆转；可产生各种慢性、蓄积性损害，如致癌、致畸、致突变以及免疫毒性、发育毒性和生态毒性等。皮质激素和同化激素对人体的危害亦有所不同。

A **皮质激素** **的危害**	● 抑制肾上腺皮质功能，导致肾上腺皮质萎缩。 ● 可导致库欣综合征、多毛症等病变，同时可导致免疫力下降。 ● 可引起过敏反应，引起血管扩张、血压下降，严重者可导致死亡。
B **同化激素的危害**	因为同化激素是由性激素改良而来，摄入过多会导致机体代谢紊乱、发育异常，且具有潜在致癌风险。同化激素在人体首先引起内分泌失调，危害生殖系统健康，导致生殖系病变。 ● 雄性激素的危害：对男性的危害：可引起睾丸萎缩、秃顶、肝肾功能损害，甚至可导致睾丸癌、肝癌；对女性的危害：可引起不孕、早产、流产、月经不调或女性男性化等表现。 ● 雌性激素的危害：对男性的危害：可使精子数量及质量下降或出现男性女性化、性早熟、抑制骨骼发育等；对女性的危害：可引起性早熟、生殖器官畸形等，甚至可导致生殖器官癌变。

　　残留于肉食品中的激素一旦通过食物进入人体，就会明显影响机体的激素平衡，有的引起致癌、致畸，有的引起机体水电解质、蛋白质、脂肪和糖的代谢紊乱等。

🌿 重金属污染

重金属污染是影响食品安全的一个重要影响因素，这些重金属包括汞、镉、铅、铬、铜、锡、砷、锌、镍、钴、锑、铋等。如铁、锌、铜是人体所必需的微量元素，但汞、镉、铅、铬、砷等重金属毒性较强，这些重金属通过食物链最后进入人体会造成危害。

重金属易超标的常见食物

Ⓐ 皮蛋： 传统工艺制作的皮蛋存在铅污染。现在市场上已经有了无铅皮蛋，大家在购买时应认清标签。另外，吃皮蛋时可以蘸醋，有助于减少人体对有害物质的吸收。

Ⓑ 动物内脏： 动物内脏尽管有独特的营养成分，但易发生重金属沉积。建议每周最多吃 2 次动物内脏，每次不超过 50 克。

Ⓒ 易拉罐饮料： 易拉罐饮料中的铝含量高，是瓶装饮料的 3~6 倍。要避免这一危害，最好的办法就是少喝易拉罐饮料。

Ⓓ 海产品： 近年海洋污染严重，贝类和鱼类的体内已经成了重金属汞、砷的"聚居地"，尤其是近海养殖的鱼类更糟糕，如带鱼、黄鱼等。建议大家尽量吃远洋的深海鱼，

如鲅鱼、沙丁鱼等。吃鱼要挑个头小的，每天不超过一种，且少于 100 克；不吃或少吃鱼头、鱼皮、内脏、鱼卵和鱼翅，这些部位很容易藏匿重金属。

2

去除重金属的妙招

A **富含膳食纤维的食物：** 膳食纤维能促进肠蠕动，促进排泄，能尽可能多地排出重金属等有毒物质，如芹菜、玉米、红薯、口蘑等都是不错的选择。

B **富含维生素 C 的食物：** 维生素 C 有活性作用，促进新陈代谢，帮助重金属物质尽快排出体外，如苹果、猕猴桃、橙子等。

C **火龙果：** 火龙果中富含一般蔬果中较少有的植物性白蛋白，这种活性白蛋白在人体内遇到重金属离子，会快速将其包裹住，避免肠道吸收，通过排泄系统排出体外，从而起到解毒的作用。

D **胡萝卜：** 胡萝卜是有效的排汞食物，含有大量的果胶，可以与汞结合，有效降低血液中汞的浓度，加速其排出。胡萝卜还可以刺激胃肠的血液循环，改善消化系统功能，抵抗导致疾病、老化的自由基。

E **水：** 多饮水可以帮助体内毒素排出。另外，可以泡一些绿茶这样的碱性茶叶（红茶一般为酸性），可以中和重金属的酸性，使身体不吸收过多的重金属，通过尿液排出。

F **牛奶：** 牛奶的蛋白质会在胃肠道形成保护膜，使人体少吸收有害物质，也能把重金属包裹起来，不被吸收排出体外。

🍃 烧烤熏炸食品

烧烤熏炸食物可以说是大街小巷令人垂涎三尺的美食，并被堂而皇之地摆上了餐桌。偶尔吃点烧烤熏炸类食物自然可以解馋，但是如果长期大量食用则不利于身体健康。

1 烧烤的毒性不容忽视

研究发现，烧烤食物中至少含有400种致癌物，其中苯并芘是危害最大的一类。苯并芘既可以通过烤肉的烟雾进入呼吸道，也可以通过烤肉进入消化道，从而引发胃癌、肠癌等癌症。调查还发现，喜欢吃烧烤的女性患乳腺癌的概率是不喜欢吃烧烤的女性的3倍。

此外，烤肉中可能存在因为没有完全烤熟而未灭活的寄生虫。而且肉类越肥，脂肪含量越多，产生的致癌物就越多，尤其是烤焦的肉片上所含的致癌物大幅提高。

世界卫生组织公布的十大最不健康食品中，烧烤赫然在列，并认为烧烤和烟酒一样，是危害人们健康的"匕首"。

2 烧烤怎么吃才健康

烧烤的风味独特，相信很多人都爱它，但关于烧烤的不健康隐患又让人望而却步。其实烧烤不是不能吃，但是必须吃得健康。首先，在烧烤食物时，在食物外面裹上一层锡纸，可以避免过多的致癌物附在食物上；其次，烧烤时宜选择电烤，不用明火烤，因为明火烤会产生更多的致癌物；再次，尽量少吃肥肉，烤好的肉片去掉肥肉后再吃，一定不能吃烤焦的部分；最后，烧烤时一般放在箅子上烤，为了保持卫生，要经常更换箅子。

此外，烤肉最好与新鲜的蔬果一起吃，因为新鲜的绿叶蔬菜如生菜、空心菜、白萝卜、青椒，和水果如苹果、猕猴桃、柠檬等都含有大量的维生素C、E，可以减少致癌物亚硝胺的产生，同时它们有很强的抗氧化作用，能减少吃烤肉带来的弊病。

🌿 二噁英

　　二噁英是一类能与芳香烃受体结合，导致各种生物化学变化物质的总称。二噁英既非人为生产，又无任何用途，却会对环境造成恶劣影响，一旦集中在食物里，会对人体健康构成严重威胁。因此，二噁英已经成为全球普遍关注的食品安全问题。

1 二噁英的来源

　　二噁英的发生源主要有两个：

　　A 在制造包括农药在内的化学物质，尤其是氯系化学物质，如杀虫剂、除草剂、木材防腐剂、落叶剂、多氯联苯等产品的过程中派生。

　　B 来自对垃圾的焚烧。焚烧温度低于800℃，塑料之类的含氯垃圾不完全燃烧，极易生成二噁英。二噁英随烟雾扩散到大气中，通过呼吸进入人体的是极小部分，更多的则是通过食品被人体吸收。

2 二噁英的危害

二噁英对人体有毒，中毒后先出现非特异症状，如眼睛、鼻子和喉咙等部位有刺激感，头晕，不适感和呕吐；接着在裸露的皮肤上，如脸部、颈部出现红肿，数周后出现"氯痤疮"等皮肤受损症状，有1毫米到1厘米的囊肿，中间有深色的粉刺，周边皮肤有色素沉着，有时伴有毛发增生，氯痤疮可持续数月乃至数年。

此外，二噁英急性中毒症状还有肝肿、肝组织受损、肝功能改变、脂和胆固醇增高、消化不良、腹泻、呕吐等。精神—神经系统症状主要表现为失眠、头痛、烦躁不安、易激动、视力和听力减退以及四肢无力、感觉丧失、性格变化、意志消沉等。

  人体中90%的二噁英来自于饮食，其中，受到二噁英的污染最为常见的有鱼、肉、蛋、乳及其制品。

如何减轻二噁英对人体的危害

　　二噁英在人体中，一般积蓄在皮下脂肪、肝脏、卵巢等部位。一旦摄入二噁英，就很难将其排解出去。二噁英在人体内的半衰期平均为7年，也就是说，7年的时间只能排解二分之一的二噁英含量。

　　食物中的二噁英进入体内后，首先会被小肠吸收，再经过血液散布到身体各个部位，包括内脏和组织。例如，二噁英到达肝脏后，会在胆汁的带动下进入十二指肠，进而形成"肠肝循环"，无法排出体外。

　　虽然目前尚未找到有效抵抗二噁英的药物，但是膳食纤维可以加速二噁英的排泄。正是因为二噁英会在人体内进行"肠肝循环"，二噁英从肝脏排出后，被肠道吸收前，如果有膳食纤维和叶绿素的存在，就可吸附二噁英，令其随着粪便排出体外。摄入膳食纤维有利于缓解大肠癌和动脉硬化，也是这个原理。含膳食纤维较多的食物主要是各种粗粮，包括玉米、高粱、大豆等。同时，叶绿素也可以清除体内的二噁英，从而起到解毒功效。含有叶绿素较多的食物有菠菜、萝卜叶等。

　　二噁英化合物最容易聚积在肉食品和乳制品中，可采用剔除其中的脂肪来降低摄入二噁英化合物可能造成的风险。此外，平时的饮食应该避免来源过于单一，尤其是对于女性来说，必须补充人体必需的营养物质。

　　排放到大气环境中的二噁英可以吸附在颗粒物上，沉降到水体和土壤中，然后通过食物链的富集作用进入人体。因此，食物是人体内二噁英的主要来源。

食材有毒风险4：食品中的放射性污染

食品的放射性污染主要来自放射性物质的开采、冶炼、生产以及在生活中的应用与排放。特别是半衰期较长的放射性核素污染，在食品安全上更为重要。

食品中放射性污染的来源

1 核爆炸试验

核爆炸试验中核燃料的提炼、精制和核燃料元件的制造，都会有放射性废弃物产生和废水、废气的排放。由于原子能工业都采取了相应的安全防护措施，"三废"排放也受到严格控制，所以污染并不严重。

2 核废物的排放

沉降灰。在进行大气层、地面或地下核试验时，排入大气中的放射性物质与大气中的飘尘相结合，由于重力作用或雨雪的冲刷而沉降于地球表面，这些物质称为放射性沉积物或放射性粉尘。

3 意外事故

当原子能工厂发生意外事故，其污染是相当严重的。

🌿 食品放射性污染对人体的危害

接受大剂量的放射性照射、吸入大气中放射性微尘或摄入含放射性物质的水和食品，都有可能产生放射性疾病。

放射病是由于放射性损伤引起的一种全身性疾病，有急性和慢性两种。急性因人体在短期内受到大剂量放射线照射而引起，如核武器爆炸、核电站的泄漏等意外事故，可产生神经系统症状、消化系统症状，以及骨髓造血抑制、血细胞明显下降、广泛性出血和感染等，严重患者多数致死亡。

慢性因人体长期受到多次小剂量放射线照射引起，表现为头晕、头痛、乏力、关节疼痛、记忆力减退、失眠、食欲不振、脱发和白细胞减少等症状，甚至有致癌和影响后代的风险。白血球减少是机体对放射性射线照射最为灵敏的反应之一。

02 食材去毒5大要诀

要诀1：蔬菜清洗前，先去头去尾

洗菜前先切除蔬菜的尾部或头部，因为像小白菜、空心菜等叶菜，农药会顺着菜柄汇集在尾部。而像青椒的果蒂凹陷处，也容易聚集农药，所以清洗前要先切除。

要诀2：清洗后再剥皮（去皮）

有些人认为，要剥皮的食材都可以先不洗，这种做法是不可取的。因为在剥皮过程中会导致双手沾染蔬果表皮的农药，而农药是可以经过皮肤吸收的，最终对人体造成伤害。因此建议剥皮（去皮）的蔬果如橘子、哈密瓜等，都应清洗后再剥皮食用。

要诀3：先放常温下，帮助农药分解

大部分的农药，喷洒几天后就会被蔬果的酵素慢慢分解，所以放几天再吃会比较安全。不过，这种办法只适用于凉爽的天气，以及不易腐烂的果菜，如黄瓜、葡萄、包菜、番薯、西红柿、洋葱等。

要诀4：用水冲洗＋海绵轻轻刷洗

很多人认为，长时间浸泡、用盐水洗菜、使用表面活性剂，都可以将食材洗得比较干净，其实这根本是错误的观念。

首先，农药在喷洒后常胶粘在食材表面，不容易通过浸泡法清除，而且长时间的浸泡会使食材的水溶性维生素流失，洗掉的是营养而不是农药。至于民间流传用盐水可以洗去蔬果上残留的农药，研究已证实这种洗法对洗去农药没有多大作用。使用表面活性剂也是一样，所以上述方法都不建议。

正确的洗菜方法很简单，就是直接用水冲洗2分钟，借助水的冲击力，破坏农药的胶粘力。清洗的过程中也可加上轻甩来强化清洗力。如果是表面凹凸不平的蔬果或有茸毛的表皮，则建议搭配海绵轻轻刷洗，再用大量清水冲洗。

要诀5：浸泡苏打水，酸碱中和去农药

要想更彻底地去除农药，建议用苏打水浸泡，因为九成的农药都是酸性，浸泡苏打水可以使其酸碱中和，达到去除农药的效果。使用方法也很简单，只要用水盆加一小汤匙的小苏打粉，加3升清水搅匀，让食材浸泡5分钟，接着捞出用清水冲洗5分钟即可。

03 有安全风险的食材

生豆浆

豆浆是一种营养丰富的传统食品，深受百姓喜爱，而且被许多地方列为学生饮食必需品。然而，因喝豆浆等豆制饮料而中毒的事件在全国各地均有发生。为什么豆浆会引起中毒呢？研究表明，生豆浆中含有毒素，如果加热不彻底，毒素没有被破坏，饮用后可导致中毒。

喝豆浆中毒有哪些表现

豆浆中毒的潜伏期很短，一般为30~60分钟，主要表现为恶心、呕吐、腹泻，可伴有腹痛、头晕、乏力等症状，一般不发热。豆浆中毒症状不严重者不需治疗可自愈，重者或儿童应及时到医院对症治疗。

怎样避免喝豆浆中毒

A 豆浆中含有皂苷，皂苷对胃肠有刺激作用，所以喝了生的或未煮开的豆浆会发生食物中毒，而煮透的豆浆不会引起中毒。需要注意的是，皂苷受热非常容易膨胀，所以当豆浆加热到80℃~90℃时，就会形成许多气泡，向上翻滚，让人误以为豆浆已经煮开，这叫"假沸"现象。

B 为了避免误食"假沸"豆浆中毒，应该把豆浆彻底煮开再饮用。看到豆浆沸腾后，要继续加热，再煮8分钟。

C 煮豆浆不能用太大的火，避免它们很快就出现大量的泡沫。用中火加热到开始出现泡沫时，要适当减小火力继续加热至泡沫消失，然后再把火调到中火，等到豆浆再次沸腾就可以了。

D 如果豆浆比较多或较稠，加热一定要不断地搅拌，使其受热均匀，防止煳锅底。

土豆

龙葵素是土豆中的一种有毒的糖苷生物碱。一般每100克土豆中含有龙葵素10毫克左右，这不会引起中毒。但未成熟的或因贮存时接触阳光引起表皮变绿和发芽的土豆，则每100克中龙葵素的含量可高达500毫克，如果大量食用就可能引起急性中毒。

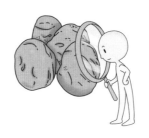

🌿 吃土豆中毒有哪些表现

正常人食入200~400毫克龙葵素即可发生中毒，食用发芽和变绿的土豆后数十分钟至十小时内发病。中毒者可先出现咽喉部痒和灼烧感、头晕、上腹部灼烧或疼痛、恶心、腹泻等症状；严重者出现耳鸣、脱水、发烧、昏迷、瞳孔散大、脉搏细弱、全身抽搐，甚至死亡。

🌿 怎样避免吃土豆中毒

土豆一般只含微量龙葵素，储存不当而使土豆发芽、变绿时，龙葵素含量显著增加。龙葵素含量最高的部位为土豆芽、芽眼和变绿部位。龙葵素遇醋酸易分解，所以为避免龙葵素中毒，应注意以下几点：

Ⓐ 应将土豆存放于干燥阴凉处，防止其发芽。

Ⓑ 发芽多或皮肉变成黑绿色的土豆一定不要食用。

Ⓒ 食用发芽不多的土豆时，可将发芽部分及芽眼周围部分深挖掉，再去皮于水中浸泡30~60分钟，弃去浸泡水，并在烹调时加些醋后再食用，但建议最好不要食用。

Ⓓ 如果怀疑发生土豆中毒，应立即进行催吐，同时立即呼救或急送医院救治。

菜豆

菜豆含有皂苷和血球凝集素两种毒素，对人体消化道具有强烈的刺激性，并对红细胞有溶解或凝集作用。如果烹调时加热不彻底，其中的毒素未被破坏，食用后就会引起中毒。

吃菜豆中毒有哪些表现

如果吃了没有做熟的菜豆，几分钟至4小时后就会出现恶心、呕吐、腹痛、腹泻、胃部烧灼感，严重者还可出现头痛、头晕、四肢麻木、心慌、胸闷，甚至呕血。

怎样避免吃菜豆中毒

烹调菜豆时应充分加热，待菜豆颜色全变，里外熟透，吃着没有豆腥味时再食用。只有这样做才能避免吃菜豆中毒。

豆类、花生、谷类等植物及其饼粕内存在着名为蛋白酶抑制剂的天然毒素。蛋白酶抑制剂可以抑制人体对食物蛋白质的水解和吸收，从而导致胃肠产生多种不良反应和症状，抑制生长发育；还可引起胰脏的增生和肿大。为避免蛋白酶抑制剂的危害，食用豆制品前应将其充分加热。

鲜黄花菜

新鲜黄花菜内含有一种毒素"秋水仙碱"，如果一次食入0.1～0.2毫克的秋水仙碱（相当于食用鲜黄花菜50～100克）就会发生急性中毒，如果一次食入20毫克以上的秋水仙碱可致人死亡。

🌿 吃鲜黄花菜中毒有哪些表现

Ⓐ 胃肠道症状：腹痛、腹泻、水样便、呕吐及食欲不振为常见的早期不良反应，发生率可达80％，严重者可出现脱水及电解质紊乱等表现。长期食用者可造成严重的出血性胃肠炎或吸收不良综合征。

Ⓑ 肌肉、周围神经病变：表现为手足麻木、四肢酸痛、肌肉痉挛、刺痛、无力、上行性麻痹等，可引起呼吸中枢抑制而死亡。

Ⓒ 肾脏：少尿、蛋白尿、血尿、酮体尿，甚至发生肾脂肪变性。

Ⓓ 其他：心悸、发热、脱发、重症肌无力、肝损害、胰腺炎、皮疹、味觉障碍等。

🌿 怎样避免吃鲜黄花菜中毒

Ⓐ 食用鲜黄花菜时，应摘除花蕊，每次不要多吃，最好不超过50克。

Ⓑ 因秋水仙碱易溶于水，食用鲜黄花菜前用沸水煮烫10～15分钟可将其充分破坏，再用凉水浸泡2小时以上（中间换1次水），然后再加热烹制，就不会使人中毒。

Ⓒ 鲜黄花菜经过焯水、日晒后的干制品，因其在加工过程中秋水仙碱已被破坏，是无毒性的，用水泡发后即可烹制。

苦杏仁

杏仁、苦杏仁、枇杷仁、李子仁、樱桃仁等果仁中均含氰苷，其中苦杏仁含氰苷最多。氰苷可在酶或酸的作用下释放出氢氰酸，氢氰酸是毒性很强的物质。

吃苦杏仁中毒有哪些表现

成人吃40~60粒苦杏仁，小儿吃10~20粒就会引起中毒。食入苦杏仁后1~2小时出现口内苦涩、头晕、头痛、恶心、呕吐、心慌、脉频、四肢无力等症状，继而出现不同程度的呼吸困难、胸闷；严重者意识不清、呼吸微弱、四肢冰冷、昏迷，常发出尖叫；继之意识丧失，瞳孔散大，牙关紧闭，全身阵发性痉挛，最后死亡。空腹食用和年幼及体弱者中毒症状重，病死率高。

怎样避免吃苦杏仁中毒

不生吃各种苦味果仁，也不食用炒过的苦杏仁。经加热，氰苷可水解形成氢氰酸后挥发掉，所以，如食用果仁，必须用清水充分浸泡，再敞锅蒸煮，氢氰酸即可挥发掉。

苦杏仁食用不当，可能会导致中毒。

毒蘑菇

蘑菇又称蕈类，毒蘑菇又称毒蕈，是指大型真菌的子实体食用后对人或畜禽产生中毒反应的物种。我国毒蘑菇约有100多种，引起严重中毒的有10余种。多数毒蘑菇的毒性较低，中毒表现轻微，但有些蘑菇毒素的毒性极高，可迅速致人死亡。

吃毒蘑菇中毒有哪些表现

吃了毒蘑菇，其含有的蕈毒素会引起中毒。蕈毒素的种类多，一种蘑菇可能含有多种蕈毒素，所以中毒的症状表现复杂。蕈毒素中毒一般分为胃肠炎型、神经精神型、溶血型、脏器损害型和日光性皮炎型。

Ⓐ 胃肠炎型：进食毒蘑菇后10分钟至2小时出现恶心、呕吐、阵发性腹痛、水样腹泻。

Ⓑ 神经精神型：进食毒蘑菇后10分钟至4小时除出现胃肠炎症状外，还有以精神兴奋、精神抑制、精神错乱或以上表现交互出现为特点的症状。

Ⓒ 日光性皮炎型：进食毒蘑菇24小时左右，发生颜面肌肉震颤，手指和脚趾疼痛，上肢和面部可出现皮疹，嘴唇肿胀外翻，形似猪嘴。因此，引起此类中毒的蘑菇也称猪嘴蘑。

怎样避免吃毒蘑菇中毒

要避免吃到毒蘑菇，最重要和可靠的方法是不要采摘不认识的蘑菇食用。对市场上卖的野蘑菇，也不能放松警惕，尤其是自己没吃过或不认识的野蘑菇，不要轻易食用。

如果不小心进食了有毒的蘑菇，要立即进行催吐。如果已出现中毒症状，要及时呼救或尽快将中毒者送医院救治。

河豚

河豚鱼体内有河豚毒素，又称河豚酸。河豚毒素毒性很强，成人吃1~2毫克纯河豚毒素就会死亡，曾有误食10克河豚肝脏就造成死亡的报道。

河豚鱼有毒，慎重食用！

🌿 河豚毒素中毒的典型表现

Ⓐ 第一阶段，唇、舌和手指有轻微麻痹和刺痛感，这是中度中毒的明显征兆。

Ⓑ 第二阶段，唇、舌及手指逐渐变得麻痹，但存在知觉，随即发生恶心、呕吐等症状。

Ⓒ 第三阶段，出现说话困难、运动失调、肢端肌肉瘫痪。

Ⓓ 第四阶段，知觉丧失，呼吸麻痹而导致死亡。

🌿 如何避免吃河豚中毒

在我国，河豚主要分布在沿海河口地带，如广东、福建等地。所以，这些地区的渔民和到这些地方打工者不要捕捞和食用河豚，还要特别注意学会识别河豚，以防误食。

如果发现有人因食用河豚而中毒，应立即对其采取催吐措施，同时要紧急呼救，尽快将中毒者送医院救治。

海鱼

食用海产鱼类中的青皮红肉的鱼类，如鲐巴鱼、柳鱼、竹荚鱼、金枪鱼等可能引起中毒。因为这些鱼体中含有较多的组氨酸，鱼不新鲜时组氨酸可分解成组胺，组胺可使人中毒。

吃海鱼中毒有哪些表现

中毒者可在食入不新鲜的鱼后2小时出现呼吸紧促、心跳加快、头晕、头痛、恶心、呕吐和腹泻，且常有皮肤刺痛、发红或荨麻疹等症状。

不宜和海鱼同吃的药物

食用含组氨酸多的海鱼时不宜同时服用一些药物。例如治疗抑郁症的苯乙肼、异唑肼、异丙肼、苯环丙胺、吗氯贝胺、溴法罗明、尼亚拉胺、托洛沙酮、德弗罗沙酮，治疗帕金森病的司来吉兰，治疗高血压的优降宁，抗菌药物呋喃唑酮、灰黄霉素，抗结核药异烟肼，抗肿瘤药物甲基苄肼，复方药物益康宁等，由于上述药物能抑制单胺氧化酶，使组胺不易分解，会导致组胺中毒反应的发生。

如何烹调海鱼可避免中毒

不新鲜的鱼才会产生组胺毒素，所以不要吃不新鲜的鱼，特别是海产鱼中的青皮红肉的鱼类。食用鲜、咸的青皮红肉类鱼时，烹调前应去内脏、洗净，切段后用水浸泡几小时；应采用红烧或清蒸、酥焖的方式烹调，不宜油煎或油炸；可适量放些雪里蕻或红果，烹调时加醋，使组胺含量下降。

贝类

　　吃贝类引起中毒往往与水域中有毒的藻类大量繁殖、集结形成所谓的"赤潮"有关，因为贝类生物吃进这些藻类后，藻类的有毒成分可逐渐在贝类生物体内聚集，人体吃了这样的贝类生物即可中毒。常见的可引起中毒的贝类生物有蛤类、螺类、鲍类等。

吃贝类中毒有哪些表现

　　不同种的贝类引起的中毒表现不完全相同，吃贝类中毒可能出现如下症状：

　　Ⓐ 口唇、手、足和面部的神经麻痹，还可能出现行走困难。
　　Ⓑ 恶心、呕吐、腹泻和腹痛。
　　Ⓒ 头痛、寒战和发热。
　　Ⓓ 眼睛和鼻腔刺激的感觉。
　　Ⓔ 肌肉酸软、方向知觉丧失、记忆丧失。

如何避免吃贝类中毒

　　在"赤潮"发生地域不要随意食用贝类。要学习安全食用贝类的方法，在加工和食用贝类产品时，去除含毒较高的肠腺等脏器，以减少毒素的摄入。烹煮贝类前，将其在淡盐水中浸约1小时，使其自动吐出泥沙，但注意浸泡时间不宜过长，防止其部分腐烂、变质。

　　吃贝类生物中毒并非一定出现上述所有症状，如果吃了贝类生物，出现上述症状中的一种或几种，就要考虑发生中毒，应及时去医院诊治。

动物内脏

相信很多人都吃过动物内脏，鸡杂、猪杂、羊杂等成了大多数人餐桌上的美食。但由于内脏是毒素最容易积累的部位，所以有些人也因此不喜欢吃。那么，动物内脏到底干不干净呢？我们如何避免食用动物内脏发生中毒呢？

食用动物内脏中毒有哪些表现

食用动物内脏和内分泌腺，如甲状腺、肾上腺、淋巴结等容易发生中毒。这是因为动物内脏中天然存在胆酸、维生素A，内分泌腺中存在激素，食用过量都可能造成中毒。

食用动物内脏中毒可能出现眩晕、困倦、恶心、呕吐、便秘或腹泻、发热、心跳加快、四肢与口舌发麻、肌肉震颤等症状，还可发生皮肤发红、发痒，出现红斑、水泡、脱皮等症状。

食用动物内脏时应注意以下几点

A 选择健康内脏。不健康的内脏可表现为瘀血、异常肿大、内包白色结节或肿块、干缩、坚硬、流出污浊液体、见到虫体等，此类内脏都绝对不可食用。

B 食用前必须将内脏反复用水浸泡3～4小时，如急用，可在内脏表面切上数刀，以增加浸泡效果，缩短浸泡时间。

C 不可一次过量食用，或小量连续食用。

内分泌腺无论有无病变，应一律废弃不吃为好。鸡、鸭、鹅等的臀尖是淋巴腺体集中的地方，屠宰时应注意去除。

食用动物内脏后几分钟到几天内出现上述症状，应考虑食用动物内脏引起中毒的可能，应立即采取催吐措施，并及时去医院诊治。

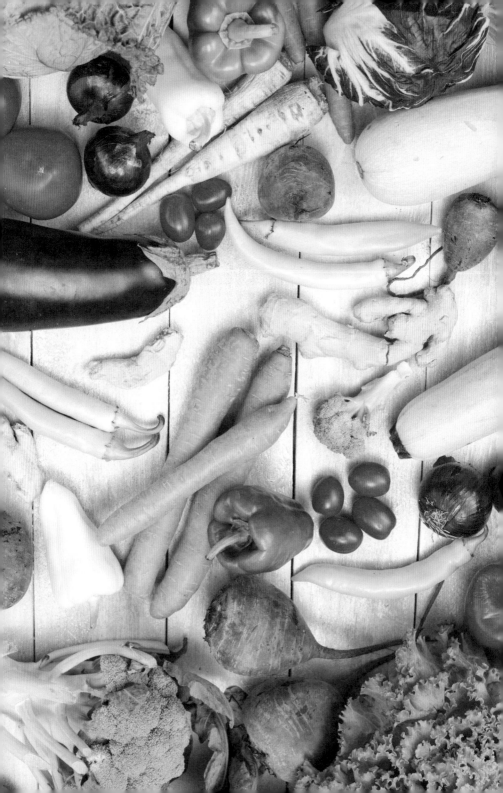

9

专家指路，
话说转基因食品

转基因技术是一种利用高科技，在原本的动植物体内加入新的基因，对基因再进行重组，用以增强其抵抗病虫害等能力，并且提升动植物品质，从而促进经济发展的方式。但是由于原来的基因被改变，这就意味着打破了生物的生态平衡，所以其安全性也受到质疑。

01 关于转基因
食品的说法

　　随着网络科技的发展，网络传言越来越多，其中转基因食品在网络上也是众说纷纭。如欧盟国家的人从来不吃转基因食品，土豆削皮后不变黑就是转基因，豆浆里面含有转基因成分等。那么，我们不禁要问：这些传言都是真的吗？下面就为大家科学分析一下：

土豆削皮后不变黑，就是转基因

　　我国允许种植的转基因食品里并没有土豆这种作物，全球范围内也还没有哪个国家批准转基因土豆的商业化种植。土豆削皮后是否变黑，最直接的影响因素就是环境条件，而变黑的程度和速度则取决于土豆中酚类物质的含量以及多酚氧化酶的活性等因素。

水果蔬菜不容易坏就是转基因产品

　　不同品种的果蔬，其允许储藏的时间长短差异很大。有些果蔬天生耐储藏，比如苹果，在没有任何储藏措施的条件下，仍然可以保鲜2~3个月。每种果蔬都有自己的保存时间，只要按照合适的条件储藏，就能延长保存时间。如完整的西瓜放上半个月也没有问题，而切开的西瓜过了一晚可能就不能吃了。

有机食品不含转基因

　　有机食品是按照严格的生产要求，不含农药、化肥、防腐剂等添加物，并且不使用基因工程的产物。一般而言，通过正规机构认证的有机食品的确不含转基因成分，但是，有机食品产量低、价格高，并没有得到普及。

02 你必须要知道的 基改食品风险

近年连续爆发食品安全问题，许多专家学者因此鼓励民众吃"天然食物"，好为自己的健康把关。但是，你能确定你吃的是真的"天然食物"吗？因为随着生物科技的进步，"基因改造食物"也跟着铺天盖地进入我们的生活圈。据估计，全球基改作物的种植面积约有1.6亿公顷，虽然世界卫生组织宣称"目前在国际市场上出售的基因改造食物都已通过风险评估，因此不大可能对人类健康带来风险"，但基改食物的泛滥，其实仍隐藏众多危机。

转基因风险1：没有足够证据证实对人体安全

转基因改造食物自1994年推向市场，至今已有20多年，然而，对人体健康的长远影响其实仍无法评估。目前可见的相关研究大多是动物实验，无法看出对智商或者性格的微细影响（脑部功能），再加上对基因改造作物所做的食品安全测试，通常都由开发基改作物的公司所进行而不是独立研究者，过去甚至还曾发生有学者因发表对基改食品不利的报告而被解雇的例子。像1998年苏格兰的著名学者普兹泰（Arpad Pusztai）因公开发表基改土豆引起老鼠病变的研究，这项研究结果虽获得正式期刊发表，但是后来夫妻却双双被解雇。也因此可以看出，许多标榜基改作物安全无误的研究，其实还有待商榷。

转基因风险2：可能养出连抗生素都无效的"超级病菌"

还需要注意的是，培养基因改造作物时，科学家必须把要转移的基因与耐抗生素标示基因一同移进生物细胞，利用抗生素测试要改造的作物，以了解要转移的基因是否已成功转移到新的作物上。

然而，耐抗生素标示基因却也可能辗转转移到其他致病原上，使致病原具有抗药性，因此便会产生连抗生素都无效的"超级病菌"。

转基因风险3：违反自然恐破坏生态平衡

所有生物都有相互关系，任何一个物种出现变化，都会令生态系统产生无法预知的后果。举例来说，基因改造作物的生长及繁殖率可能比正常要快，远远超越生态系统内其他物种，因此导致其他物种植物减少；并且基因改造作物可能对进食的昆虫造成毒性，进而进入食物链，导致昆虫和鸟类中毒等。

转基因风险4：威胁人类生活

人类利用种植物之配种、不同种植物之间的混种以改良植物可以说由来已久，所以品种改良可以说经过了时间的考验，但是基改常常横跨动植物的界限，例如使用蝎子的基因植入以改善植物的耐旱性，这样做有点太过分了，这中间操作的是我们还没有完全了解的基因。

基改食品必须如实标示；目前欧盟规定，食品若含有基改成分高于0.9%，不论是包装或者散装都需标示该产品含基因改造成分，韩国、日本的底限分别是3%与5%，我国是5%；法、德等国在基改食品问题上非常谨慎，明令禁止生产该类作物。

03

掌握3大步，
转基因食物不下肚！

避险关键1：认识全球10大常见基改食物

想要降低基改食品的摄取，首先当然得先了解周遭有哪些基改食物。然而核准商业化生产的基改作物就有50多项，应该如何着手才能确保吃得安心呢？其实在核准商业化生产的基改作物中，依生产比例不同，普遍性自然也有所差异，这里提供Natural News评选出的十大常见基改食物给大家，这是一项很好的参考。

它们分别是：1.玉米；2.大豆；3.棉；4.木瓜；5.水稻；6.西红柿；7.油菜；8.乳制品；9.土豆；10.豌豆。

避险关键2：常见基改食品的类别

转基因技术目前还没达到成熟阶段，这也是不少人坚持认为转基因技术培育出来的食品是不健康的重要原因。然而，转基因食品其实也存在很多优点，例如它的出现就是顺应粮食问题的产物。当转基因技术发展得更好的时候，也许其好处要远大于弊端。

认识三大类转基因食品

1. **植物性转基因食品。** 这是目前为止最为广泛的一种转基因食品。例如，针对小麦蛋白质含量比较低这个弱点，把高效蛋白基因注入小麦中，就可得到高蛋白质含量的小麦。用这种小麦做出来的面包更加利于烘烤，且色香味更佳。

2. **动物性转基因食品。** 例如，在猪的基因组中转入人的生长素基因，就可提高猪的生长速度，且提升猪肉质量。现在，这种转基因猪肉已经被澳大利亚政府允许推广和食用。

3. **微生物性转基因食品。** 例如，生产奶酪需要凝乳酶，用传统的手段只能通过屠杀牛，从牛胃中提取凝乳酶，而利用转基因微生物就可大量培植凝乳酶，能大大降低生产成本。

温馨提示

在我国目前的转基因豆类制品中，大豆原料大多来自美国；颜色鲜艳、果实坚硬的西红柿是从以色列进口的转基因西红柿。

避险关键3：购买时注意产地、标签

由于基改食物的外观和原来品种大致相同，难以从外观辨别，再加上国内规定产品必须含5%以上的基改成分才必须标示，所以要从食物和食品中找出基改产品确实不简单。但只要掌握以下三个小步骤，远离基改食品绝非不可能！

步骤1：留意产地，美国、巴西、阿根廷要小心

全球有29个国家开放种植基改作物，其中前三大国分别为美国、巴西、阿根廷，全部集中在美洲，且三国就占全球基改作物面积的77%；亚洲则以印度、中国为主，约占全球基改作物面积的13%；至于加拿大、巴拉圭、南非、巴基斯坦、菲律宾、乌拉圭、墨西哥、玻利维亚、西班牙、缅甸和布基纳法索，也都有超过10万公顷的种植面积。

步骤2：看懂进口水果和蔬菜标签

进口蔬果常附有一张贴纸标签，上面常有4位数或5位数的数字，而这串数字其实就是由IFPS（The Internartional Federtion for Produce Standards）所核发的"身份证"，名称叫"PLU的四位码标签系统"。

目前PLU的四位码以"3"或"4"开头，编码在"3000"到"4999"之间，代表一特定品种、规格或等级及产区之组合，属传统种植的农产品；如果是五位码，则可用来识别耕作方式，有机种植是在传统农产品的四位数字编码前面加"9"，而基因改造则加"8"。比方说，传统种植的香蕉编码为4011；基因改造的香蕉，编码为84011；有机种植的香蕉，编码为94011。

步骤3:
慎选"非基因改造"食品

由于只有超过5%的基改成分才必须依照"基因改造食品标示办法"予以明显标示，而非基因改造食品可自行选择是否标示，所以在检查食品标签时，一旦发现有基因改造标示就绝对不要买。

购买食品时不妨留意成分，明显含有黄豆或玉米成分却没有任何标示，就应该多考虑，毕竟在这个饮食极度不安的时代，如果非基因改造大多会特别强调；其次则是注意有没有黄豆或者玉米的衍生物，有相关成分者，最好少碰，若一定要买，则应选择有标示"非基因改造"的品项。

常见转基因食品的鉴别

❶没有传统蔬菜参差不齐的外形。转基因蔬菜个头均匀、形大体长、色泽光艳、质地鲜嫩，最容易混淆的蔬菜有黄瓜、茄子、丝瓜、洋葱等。

❷没有传统原始地道的味道。转基因蔬菜无论烹调前或烹调后，其味道都和传统蔬菜有较为明显的区别，如甜椒等。

❸不属于当地和当季生产的蔬菜。各类蔬菜一般都具有较强的地域性和季节性，那些既非当地当季生产又非外来输入的蔬菜，一般就是转基因蔬菜。

看产地	尽量避开转基因比较"泛滥"的地区
看标识	看产品包装上是否有转基因标识。一般来说，转基因食用油产品上都有相关标识。

看品种	转基因食品一般都有固定的名称，比如叫"先玉335"的玉米，就是一种典型的转基因玉米。
其他鉴别方法	· 购买水果时，尤其是进口水果，需要留意标签上的信息。每个标签中间都有4位阿拉伯数字，3字开头的表示喷过农药；4字开头的是转基因水果；5字开头的是杂交水果。 · 超市里的西红柿、木瓜等大多都是转基因食品，无论是从安全还是质量上说，个体水果摊上的水果都要比超市里的好。 · 玉米是使用转基因最早、最广、最多的一类食物，购买玉米时一定要看仔细。 · 小米、燕麦、荞麦、高粱等粮食作物，目前尚未有转基因的可能性。

温馨提示

　　很多作物由于种植时间和地域不同，会产生不同的品种，这类食物尤其容易和转基因食物混淆。但如果仅仅是依靠表观形状来辨别，是相当片面的。另外，相信每个人都想吃得健康，不管你认不认可转基因食品，都需要保持良好的饮食习惯。

04 转基因和杂交的区别

　　杂交水稻这个杂交技术的代表作品早已经走进我们的生活。那么，转基因和杂交技术是一回事吗？

　　杂交是当今世界上广泛运用的一种农作物育种方法，现存的农作物几乎都是杂交而来。众所周知的杂交水稻就是杂交技术最成功的典型，杂交水稻是指选用两种在遗传性状上有所差异，同时两者的优良性状又能够互补的水稻，两者再进行杂交，生产具有杂种优势的第一代杂交品种，用于生产种植。

　　而转基因是把两种或者多种完全不相干的生物，利用基因植入的方式产生新的品种。转基因实际上是违背生物的自然遗传规律，因为它改变了生物体内的遗传因素。转基因生物自身无法再产生杂交后代，只能够依靠人为帮助繁殖。

　　正因为转基因技术违背生物的自然生长规律，所以其发展并不如杂交顺利，引起了全世界范围内的争议。支持者认为，转基因技术改善了生物品质，提高了作物产量，降低了成本，是一种农业生产的进步；反对者认为，转基因食品对自然环境和人类健康带来的利弊尚且需要进一步论证，如果具有重大的破坏性，将给人类带来不可挽回的灾难。

　　转基因食品究竟是福是祸，至今没有一个明确的结论，所以直到现在，世界上也没有一个国家完完全全推广转基因食品。对于转基因食品，除了需要政府严格加强监管外，还要求商家明确转基因食品的标注。同时，也希望热衷于转基因食品的推广者保持理性，正确看待转基因食品。总之，每个人都要客观分析利与弊，不盲目接受或排斥。

05 转基因食品的认知盲区！

大多数人对于转基因的认识主要来自于专家的分析，自身缺乏认知基础，因此对于市场上层出不穷的转基因食品，人们的鉴别能力并不高。此外，市面上流传着大量的对转基因食品的认知误区，更加重了人们的认知困难。

盲区一：形状异常的果蔬就是转基因产品

现在，市面上的果蔬种类繁多，小西红柿、小黄瓜、大青椒、大草莓等，这些个头异常的果蔬就是转基因产品吗？

事实上，同一种植物，由于品种的不同，或者生长环境的差异，本身就会出现各种各样的形状、大小不一的个头。人们感到奇怪，只是因为习惯了一类大小、一种颜色的产品。

比如，把不同品种的西红柿进行杂交，就能够培养出深红色、粉红色、黄色、绿色等不同颜色以及不同大小的西红柿。这就好比不同种族、不同民族的两个人通婚，下一代就会是个眼睛、鼻子、头发等都不同于别人的"混血儿"。

盲区二：果蔬不坏就是转基因产品

人们总是下意识地认为存放时间长的果蔬就是转基因产品，但是，诸如南瓜、土豆等食物，放上一周也不是问题。任何果蔬都有自己的保存时间，只要按照合适的条件进行储藏，就能保存较长一段时间。例如，苹果在冷藏环境中存放好几个月也不会坏，那么，可以说这是转基因在起作用吗？显然，这是不正确的说法。生活中大多数果蔬都能存放一周左右的时间，例如没有熟透的西红柿、完整的洋葱等，都能长时间保持不坏。

盲区三： 加工食品中没有转基因产品

人们对于食品安全问题的担心主要来自于原料中的各种污染物，总是担心食品中含有农药、细菌甚至转基因成分等。但是事实上，我国市场上的转基因食品中的转基因成分大部分来自于加工环节，尤其是从美国进口的原料加工产品。

美国是世界上最大的转基因食品生产基地，其大豆油90%都是转基因产品。此外，土豆、玉米、小麦等很多都是转基因农作物，这就使得美国成为豆油、土豆、玉米、小麦的出口大国。在全球化的今天，即使不引进转基因食品，也会或多或少地进口转基因成分。例如，美国快餐店里的薯条，大多数就是以转基因土豆为原料制作而来；另外，制作点心使用的油脂，大部分都是转基因大豆油；制作汉堡使用的面粉，也有由转基因小麦制成的。

十分值得关注的一个问题，就是家家户户都会用到的食用油。如今，市场上销售的"调和油"和大豆油由于价格低廉，深受老百姓喜爱。殊不知，其中往往掺杂有转基因成分。有些包装上明确指出含有转基因成分，有些包装甚至没有明确标识，让消费者在不知道的情况下食用了转基因食品。

盲区四： 转基因食品有害身体健康

长期的观察研究表明，转基因食品至少目前为止没有对人体带来致命性的危害。然而，从环境保护的角度来看，转基因食品的确是违背生态平衡的做法。一些人认为，转基因食品的弊端需要更长时间才能够展露出来，为防微杜渐，必须坚决反对发展转基因。

远离转基因食品，最重要是出于对自身健康的考虑，但是，这种行为并不是获得健康的关键所在。若说转基因食品的确会给人体造成伤害，那么，非转基因食品就不会影响我们的饮食质量吗？例如，无论是用转基因土豆还是非转基因土豆炸出来的薯片，都不利于健康。同样，如果天天吃油炸食品、喝碳酸饮料，就算全都不是转基因食品，也对身体有害。

06 转基因植物油

植物油是不饱和脂肪酸和甘油生成的化合物，它广泛存在于自然界中，是从植物的果实、种子、胚芽中得到的油脂。随着转基因技术的发展，人们在购买植物油时也难免疑虑自己购买的是否是转基因植物油。那么，转基因植物油是怎么一回事呢？

植物油的种类及特点

大豆油	大豆油提取自大豆种子，油色一般为淡黄色、淡绿色或深褐色。大豆油富含亚油酸、维生素、卵磷脂等多种微量元素，有利于缓解心血管疾病，对健康有大大的益处。
花生油	花生油提取自花生种子，花生油淡黄透明，色泽清亮，气味芬芳，富含不饱和脂肪酸以及软脂酸、硬脂酸和花生酸等饱和脂肪酸。经常食用花生油，可减缓皮肤老化，防止血栓形成，有助于预防动脉硬化和冠心病。此外，花生油中的胆碱可改善记忆力、延缓脑功能衰退。
玉米油	玉米油提取自玉米胚芽，色泽金黄透明。炒菜时油烟极少，非常适合快速烹炒和煎炸食品。用玉米油调拌出来的凉菜香味宜人，清爽可口。玉米油中含有丰富的维生素E、亚油酸，并且不含胆固醇，人体吸收率高达97%。经常食玉米油，可有效防治动脉硬化、糖尿病等慢性病。

茶籽油	茶籽油取自油茶籽，是我国特产的油脂之一。茶籽油呈浅黄色，澄清透明，气味清香。茶籽油富含不饱和脂肪酸，营养丰富，并且在烹饪过程中油酸成分不容易受破坏，长期食用可以改善人体素质，被称为"东方橄榄油"。
橄榄油	橄榄油取自常绿橄榄树的果实，其色泽黄绿透明，富含人体必需却又不能自身合成的亚油酸和亚麻油酸。研究表明，长期食用橄榄油，能降低胆固醇，防止大脑衰老，改善消化系统，提高胃、脾、肠、肝和胆功能。此外，它还可防止皮肤损伤和衰老，改善皮肤色泽，被誉为"液体黄金"。
色拉油	色拉油俗称凉拌油，是经过提炼加工而成的精制食用油。色拉油呈淡黄色，烹调时不起沫、油烟少。目前市场上供应的色拉油有大豆色拉油、菜籽色拉油、葵花籽色拉油和米糠色拉油等。

　　转基因植物油与非转基因植物油的区别主要在于原料是否为转基因作物。我国市场上绝大多数的大豆油是以进口转基因大豆为原料加工制作而成，所以这些大豆油就是转基因植物油。而以花生、油菜籽、葵花籽等原料生产出来的植物油，则是非转基因植物油。另外，还有一种由多种成分调制而成的"调和油"，可能是转基因植物油。

07 植物油最好混合使用

　　如今，越来越多的人意识到食用植物油的益处，但仅是单一地食用某一种植物油同样是不利于健康的做法。因为不同的植物油，其营养成分有所不同。例如，花生油可补锌；橄榄油可降低胆囊炎和胆结石的发病率；玉米油可补充维生素E，防治高血压、高血脂、胆固醇、冠心病等；大豆油可增强人体免疫力。因此，将各种植物油搭配食用，更有利于健康。

　　若对购买的调和油不放心，完全可自己在家将各种油混合使用。最佳的搭配是橄榄油、茶籽油和花生油，富含各种人体所需的营养元素。有些人偏爱菜籽油，在购买时一定需要注意去除菜籽油中的芥子酸，否则易诱发心血管疾病。

温馨提示

　　植物油暴露在空气中，极易与空气中的氧发生氧化反应，导致植物油出现异味。因此，在储存植物油时需要注意几点：

・避免光照，光照会加速油脂氧化。

・隔绝空气，尽量选用清洁干燥的深色玻璃瓶，并用木塞或瓶盖隔绝空气。

・放置在阴凉通风处，防止温度过高。

・及时清除油污和杂质，不让油里混进水分。

08 为什么转基因食品如今不受欢迎

由于全球人口的急速膨胀，耕地面积的不断减少，粮食问题变得日渐严峻。在这种残酷现状面前，需要满足人们对粮食的刚性需求，且保证食品的质量，转基因食品因此而生。

人们为什么要反对转基因食品

"反转"人士质疑转基因食品的一个重要原因在于，转基因技术破坏了生态平衡。以转基因作物为例，种植期间是否通过花粉传播等途径污染其他非转基因作物，进而破坏生态系统，这是一直不能确定，甚至可能无法避免的事。

另外，转基因食品的安全性是一个热点问题。绿色和平组织发布的转基因报告显示，长期食用转基因食物可能会影响肝肾功能、破坏免疫系统等，这就在警醒那些沉迷于转基因食品的人们要慎重食用转基因食品。

但是，转基因出现几十年的时间，食用转基因食品的人数达到十亿之多，并且没有典型的因为转基因引发不良症状的案例。也就是说，人们并没有确凿的证据证明转基因食品不安全。然而，这仍然不能够动摇一部分人心中坚定不移的"转基因食品有害"的观念。

事实上，在对转基因食品的安全性进行评价时，各国政府均遵循"实质等同"的原则。研究表明，转基因食品可能带有核苷酸物质以及其表达的蛋白质，若转基因食品的化学组成与对应的非转基因食品并无实质性的差异，就是安全食品。

此外，对于那些特殊的转基因食品，也会经过严格的安全评价，确定风险后才会投放市场。

转基因食品对人体可能造成的影响

营养破坏

转基因食品由于原有的物质构成遭到破坏，其营养成分会发生变化，导致食品的营养价值相应降低，并且使其营养结构失衡。

胃肠道问题

转基因食物一旦进入人体，最令人担心的是食物中的插入基因是否会转移至进食者的肠道中，从而产生诸多不良反应。

过敏

基因在提取过程中，极易感染致敏因子，当人们食用了含有致敏因子的转基因食物，可能导致过敏现象。尤其是儿童、老人、孕妇以及体质虚弱者，最容易受到侵害。如将玉米中的某种基因加到大豆中，那些本来对玉米过敏的人吃了转基因大豆后，也会出现过敏反应。

心脑血管疾病

转基因大豆是广泛推广的一种转基因食品，然而转基因大豆中富含饱和脂肪酸，人们摄入这类豆制品后，会在体内形成大量饱和脂肪，从而增加血液黏稠度，极易引发脂肪肝、高血脂、脑血栓等心脑血管疾病。

引发新疾病

转基因农作物一般带有耐抗菌素的基因，当这种基因进入人体后，会使人体产生耐抗菌素。此外，转基因食品中的突变基因可能会引发新的疾病，一时难以有效治疗。

09 转基因食品的益处

虽然转基因食品和传统食品相比，本质上并没差别，但是，传统食品是通过自然选择或者人为育种的手段，而转基因食品则是从分子水平上出发，利用基因操作，进行精致、严密、可控制的移植过程。利用转基因技术，不仅可改变生物的遗传性状，甚至可创造自然界本来不存在的新物种。总的来说，转基因食品具有以下几个益处：

成本低、产量高

转基因技术需要的成本是传统技术的40%~60%，而产量却可增长20%以上，有的可增长几倍甚至几十倍。

具有抗草、抗虫等特征

对于农作物来说，病虫害一直是妨碍质量的重要因素之一，利用转基因技术培养的农作物，正好可以解决这一问题。

提高食品的品质和营养价值

比如，转基因技术可提高谷物的赖氨酸含量，从而增加其营养价值。

增强食品的保鲜性能

比如，利用反义DNA技术，可有效抑制酶活性，从而延迟食物的成熟和软化，进而延长食品的贮藏和保鲜时间。

chapter

10

专家指路，
包装厨具安心选

市面上售卖的带包装的食物都会有食品标签，不过，人们通常更加关注的只有食物的保质期和生产日期，对于其他看起来密密麻麻的小字，很少人会对它们感兴趣。而实际上，商品的标签是我们选购食物十分重要的"指南针"。

01 包装材料及其安全性

在购买食品时，我们发现食品的外包装各有不同，有的是硬纸壳，有的是玻璃容器，还有的是塑料盒等。那么，这些包装材料安全吗？为什么不同的食物需要用不同的包装材料呢？

包装纸与食品安全

包装纸是使用最广泛的食品包装材料之一。大多数人认为纸张对食品不会造成什么污染，其实不是这样的。

包装纸的制作原材料为木浆、草浆等，木材和草都是植物，生长中会使用杀虫剂、除草剂等农药，从而在这些植物上产生农药残留，造成有些包装纸农药残留过高。包装纸的农药残留一定会造成食品的农药污染。

造纸过程中加入的助剂、成型时所使用的胶黏剂都可能含有甲醛，造成对被包装食品的甲醛污染。甲醛是确定的人类致癌物，可能会造成后代发育畸形，同时对眼睛以及皮肤具有很强的刺激性，还是皮肤致敏物。

造纸过程中还有可能添加荧光增白剂，因为能够消除纸浆中的黄色，增加纸张的亮白度。增白剂对皮肤和眼睛有轻度刺激性。

各种包装材料上使用的有机溶剂型凹印油墨大多含苯类物质（苯、甲苯、二甲苯），可能造成苯类物质在包装材料中残留，从而造成被包装食品的苯类有机物污染。苯是确定的人类致癌物；甲苯很有可能影响人的神经系统、血液系统和免疫系统的功能，且对肾脏和肝脏造成损伤；长期接触二甲苯也会造成中枢神经系统功能紊乱。此外，油墨中还会含有金属、多环芳烃类有机物等有害物质。

如果使用霉变的原材料生产包装纸，会使包装纸中含有大量霉菌，造成被包装食品的霉菌污染。

金属、搪瓷、陶瓷、玻璃容器会造成食品污染吗

生产陶瓷和搪瓷所用的釉料主要由铅、锌、镉、砷、锑、钡、铜、铬、钴等多种金属氧化物及其盐类组成；金属容器所用镀层中也含有一定量的金属；玻璃容器也时常添加铅化合物，并且用金属盐进行着色。所以，这些容器都有可能造成食品的金属污染。

塑料食品包装材料会造成食品污染吗

当前用于食品包装的塑料大多数是无毒的，但是在一定条件下塑料包装材料也会造成对食品的污染。紫外线和加热会使聚氯乙烯塑料氧化分解成氯乙烯，氯乙烯是确定的人类致癌物，并且还可使后代发生畸形。除聚氯乙烯塑料外还有一些塑料，比如聚乙烯塑料、聚丙烯塑料、聚苯乙烯塑料，可残留有苯乙烯等物质，也会造成食品的污染。苯乙烯对血液系统、肝脏可造成损害，对实验动物有致癌性，但是对人类致癌性的研究暂且证据不足。塑料在制造过程中会添加增塑剂，如邻苯二甲酸二（2-乙基己基）酯（DEHP）。动物实验结果表明，邻苯二甲酸二（2-乙基己基）酯可损伤肝脏和睾丸，使得精子生成减少，生殖能力降低，还可使啮齿类动物后代发生畸形。

02 学会看懂食品包装

当我们去购买食品时，看到包装上的各种标签和说明，是不是充满疑惑，对它们各代表的意思完全不知。大多数人通常只会看看生产日期，只要在保质期内就放心购买了！其实，外包装上很多信息包含大学问，读懂其中的含义，才能够买到称心如意的食品。

看原料排名

先看一看食品配料表。按规定，配料表中，食品原料以及配料按加入量比例的多少会从多到少排列，也就是说，排在第一位的是含量最多的原料，即主要成分。

例如，在购买某奶茶饮料时，配料表中第一、二位并不是牛奶以及红茶，而是水、白砂糖，白砂糖只是一种纯热量食品，除此没有任何营养价值。为制作出奶的感觉，有的奶茶会加入植脂末这些反式脂肪酸（不利于心血管健康），且添加量还排在配料表的第三位，添加量也不容忽视。在营养师的眼里，这款奶茶就不会太有营养。

即使是某些牌子的奶茶会添加奶粉、炼乳，但是添加量排在水、糖之后，分量并不多，并且同样添加植脂末。炼乳本身含糖量高，营养价值也不高，因此，这款奶茶的营养价值同样不高。

比如，我们经常购买的牛奶或者奶味饮料，如果配料表中只有鲜牛奶，则说明这是100%纯牛奶，但是后面食品配料里还有水、白砂糖等，那么就是被稀释的牛奶。

看有无反式脂肪酸

根据相关规定，营养成分标签中强制标示"4+1"，即必须标识四种核心营养素（蛋白质、脂肪、碳水化合物、钠）、能量含量值以及其占营养素参考值百分比。若在生产过程中添加氢化或者部分氢化油脂，还应该标示反式脂肪酸含量。

现在大家对反式脂肪酸的危害有一些了解，我们每天摄入反式脂肪酸的量不应多于2克。但是有些食品包装标示"零反式脂肪酸"，这并不等于没有反式脂肪酸。因为按相关规定，每100克食品含反式脂肪酸≤0.3克，就可标注"反式脂肪酸为0"，可见"零反式脂肪酸"不等于没有。

看营养素参考值

营养成分标签除包括营养素名称、单位计量的营养素含量外，还特别增加"NRV%"。这个指标表示每100克、100毫升或者每份食品所含的主要营养素占每日营养素参考值的百分比。

我国的营养参考值为：每人每日能量摄入2000千卡，蛋白质60克、脂肪不多于60克、碳水化合物300克、钠2000毫克。参考食品的营养成分表，依据自己所进食的分量，可计算出所摄入的能量及营养素。

例如一袋净含量35克的紫菜，其营养成分表上标出每100克含蛋白质44克、钠2200毫克，那么，吃完这样一袋紫菜，共摄入蛋白质15.4克、钠770毫克（相当于NRV的38.5%）。可以认为，这是一款高蛋白、高钠食品，即使它是高蛋白食品，营养价值相对高，可同时也是一款高钠食品，并不建议孩子经常大量食用，尤其不适合高血压、心功能不全、慢性肾脏病、水肿等患者食用。

某净含量为135克的薯片，其营养成分表中标示每100克薯片含"能量536千卡、蛋白质4.9克、脂肪30.8克、碳水化合物59.8克、钠528毫克"，从中我们能够得到这样的信息——这是一款高热量、低蛋白质、高脂、高钠的食品，营养价值低。把一桶这样的薯片吃完，摄入的热量达到每日推荐摄入量的26.8%，相当于一顿早餐或者晚餐所摄入的热量，但是其饱腹感一点都不强，需要继续摄入其他食品充饥，很容易导致能量摄入过多。且脂肪含量已占到推荐摄入量的50%，含钠量达到推荐量的26.4%，经常吃这样"重口味"的薯片，容易增加肥胖、高脂血症、高血压等发病几率。

看"营养宣称"

不少食品的外包装或者广告中会出现"高蛋白""低脂""低糖""高钙"等字样，根据规定，这些所谓的"低"或"高"的营养宣称，必须标出相应内容，在购买时，应依据数据进行判断，而不要单纯相信厂家的噱头。

高蛋白	每100克食品含蛋白质大于等于12克，或者每100毫升液态食品含蛋白质大于等于6克，可称为"高蛋白"食品。
低脂	每100克食品含脂肪小于等于3克，或者每100毫升液态食品含脂肪小于等于1.5克，可称为"低脂"食品。
脱脂	每100克食品含脂肪小于等于1.5克，或者每100毫升液态食品含脂肪小于等于0.5克，可称为"脱脂"食品。
低糖	每100克或100毫升食品含糖小于等于5克，可称为"低糖"食品。
无糖	每100克或100毫升食品含糖小于等于0.5克，可称为"无糖"或"不含糖"食品。
低盐	每100克或100毫升食品含钠小于等于120毫克，可称为"低钠"或"低盐"食品。
高钙	每100克食品含钙大于等于240毫克，或每100毫升液态食品含钙大于等于120毫克，可称为"高钙"食品。

03

食品包装隐患多多

现在超市中的食品，不管是零食饮品还是肉类果蔬，有很多都已经包装好。它们都被整齐摆放在货架上，看上去卫生整洁。不过，在这样的表象下实际上或许隐藏着很多不确定因素。

食品包装存在哪些方面的隐患

🍃 有害原料添加

食品包装材料有着严格要求，需在制造上付出一定成本，有些制造商为牟取暴利，节约成本，刻意使用一些劣质的原材料，这样就增加了接触包装的食品受到污染的可能性，对于消费者的食用安全将会造成威胁。

🍃 重金属污染

在包装印刷过程中，可能使用大量油墨或者染料，这些染料中往往含有大量的重金属物质，很可能会因为储藏不当或者技术手段问题导致重金属析出，危害人体健康。

🍃 封口的污染

一些商品的包装在进行封装时，需要对封口进行高温熔融操作，这样可能会产生一些污染物质，导致食品受到污染。

🍃 卫生状况

虽然包装的目的是保证食品安全卫生，但是在进行封装时，可能会由于操作环境的卫生问题导致食品包装中封入细菌等物质，且食品包装本身的卫生问题也比较严重。

各种包装材料的安全性

就包装材料的安全性而言，一般情况下排列为玻璃、金属、纸塑复合、塑料。但是因为所包装的食品不相同，所以也需要根据不同情况作出相应变化。

从健康安全的角度出发，玻璃应该最适合进行食品包装。因为它具有无毒无味、透明、美观、阻隔性好且可循环利用的特点，但玻璃易碎且重，形态固定，对于包装一些小食品或者米面等食品来说不方便。

金属包装一般比较少使用，因为它往往比较笨重，且不透明，不管是在生产、封装食品还是消费者选购、食用食品时都会造成一定困扰，所以它的应用也比较少。但对于八宝粥、奶类食品而言，还是十分适合使用铁罐这样的金属材料。

纸塑复合包装常用于奶类的包装盒，能够达到很好的密封效果，且也比较方便存储或者携带。很多桶装方便面也是使用这种材料，若使用它来泡面的话，很可能会有有害物质析出，不利于健康。

04 外卖陷阱：
小心使用一次性餐盒

一次性餐盒使用起来非常方便，并且使用过后不需要清洗，这对于上班族和学生来说是最为便利的。但是，一次性餐盒的危害也显而易见，即使是合格的一次性餐盒，也面临着污染环境的问题。

一次性餐盒的安全隐患

从最初出现的发泡型餐盒到现在的可降解型餐盒，一次性餐盒的使用量有增无减。而可降解的餐盒往往由于成本高，在市场上的使用率实际上相对比较小。上班族、学生是使用一次性餐盒的主要人群。无论是从卫生角度还是环保角度来说，一次性餐具都存在众多争议，很多人虽然明明知道其危害性却仍然使用，主要就是贪图方便。需提醒广大消费者的是，现在市场上的一次性餐盒并不是全部都符合国家标准，长期使用这些不合格餐具会对身体造成不良的影响。

虽然国家曾经禁止使用一次性发泡餐盒，但是市面上使用最多的仍然是这种发泡餐盒。而如今，国家对这种餐盒已实施解禁，市面上的发泡餐盒可说又可光明正大地使用。在这种一次性发泡餐盒中，不合格的产品混杂其中，给人们的健康带来很多的隐患。

根据一些媒体记者的调查走访发现，很多一次性发泡餐盒的生产作坊都存在违规操作、卫生条件差的现象，使用有腐蚀性的药液对餐盒进行"熏白"处理。这种餐盒的售价往往要比质量合格的餐盒低很多，并且销量也比较大，一些路边摊或者小餐馆使用的很可能就是这种不合格的餐盒，而这一部分的市场使用率十分高。

使用一次性餐盒的注意事项

❶ 平时应尽量使用自己的饭盒用餐，尽量减少一次性餐盒的使用。

❷ 使用一次性餐盒盛装食物，切忌放到微波炉中加热。否则，即使是合格的餐盒也会析出有毒物质，污染食物，威胁人体健康。

❸ 塑化剂是生产一次性餐盒的必需材料，它是一种油溶性物质，温度越高，油分越多，溶解的也就越多。长期接触塑化剂会对身体产生影响。所以说，如果是含油的食物，最好不要使用一次性餐盒盛装。高温食品、油炸食品、醋和料酒含量较多的食品都不要使用一次性餐具进行盛装。

❹ 如果经常使用一次性餐盒，应该多吃水果和粗粮。粗粮或纤维含量较多的水果可以帮助人体吸附体内的有害物质，并且有助于人体把这些毒素排出体外。富含维生素 C 的水果或粗粮，可增强人体的代谢功能，有助于毒物的代谢排出。

怎样选择合格的一次性餐盒

一次性餐盒的材质主要还是塑料，是由一个个的小分子组合成的化合物，通俗地讲，就好像是串珠子一样，越是串得多，就越结实，在制造过程中使用的塑化剂也就越少。所以，塑料制品越透明越结实越好。

在挑选一次性餐盒时，应当观察餐盒的材质是否均匀，是否含有杂质或异味。如果发现使用过程中出现渗油、遇热变形或者遇热产生异味等情况，应当立即停止使用这类餐盒。

一次性餐盒并非是越白越好，因为很多一次性餐具是使用回收的废旧纸张或者其他材料生产，为使产品的卖相更好，可能使用了荧光增白剂增白。若发现餐盒过于亮白，就难免有添加荧光增白剂的嫌疑。当然，如果颜色过于暗淡，可能就是使用材料有问题，最好也不要选购。

在选购一次性餐盒或其他一次性餐具时，一定要购买正规厂家生产的产品，尽可能选择包装上标有生产厂家和生产地址的产品。

05

4种砧板：
安全好用大比较

木头砧板最好用，但是质量比较重并且不好看

　　木头砧板比较软，能受力而不易伤刀，因此比较适合用来处理需要大力斩或者劈的菜。然而，木头砧板容易留下刀痕，因此清理上也比较费力。清理时可顺着木纹的方向由上而下刷洗整个表面，接着再用热水冲洗，切忌浸泡水中，以免木头砧板产生裂缝。一般清洗之后只要自然风干，不适宜使用机械烘干，因为高温也一样容易使木头裂开。

　　比较麻烦的是，木头砧板容易发霉，加上质量厚重无法悬空，与桌子的接触面特别容易滋生细菌，因此使用、清洗之后，建议采用直立放置，并且将两只筷子置于砧板下，使砧板与桌面留点距离，帮助风干。

　　在比较过各种材质的砧板之后，最好用的砧板还是木头砧板，虽然它容易留下刀痕，不过美国亚利桑那大学的研究已经证实，只要每次用过即清洗，不管是多么深刻的刀痕，木头砧板仍然安全。选购时则建议注意砧板形状，一般木头砧板有圆形和方形两种，圆形为树木横切，等于切面与树木的生长方向垂直，有些甚至可看到年轮的痕迹，而方形砧板则顺着树木的生长方向直切，比较之下圆形木砧板更能承受刀的斩劈力度。

塑胶砧板不可切热食，以免释出有毒成分

　　塑胶砧板看起来干净、漂亮，并且除白色以外，还有其他颜色可选择，加上重量轻、使用方便，因此有一定的市场。不过值得注意的是，高温可能会使塑胶砧板释出有毒成分，因此不适合用来切热食，并且清洗时不要使用钢刷，否则容易刮伤砧板表面。而且塑

胶砧板硬度低，容易因刀砍造成切痕，又没有木头砧板的天然抑菌能力，含菌量通常高于木头制品。

陶瓷砧板质地硬，不适合剁或拍打肉片

陶瓷砧板的表面光滑、不易残留食物，含菌量低，所以只要清水冲洗就能清理干净，并且质地硬、不易有刀痕，但是相对也不适合做剁或者拍打肉片等切工。

玻璃砧板容易清洗并且含菌量低，但是容易损坏刀具

玻璃砧板跟陶瓷砧板一样，都拥有表面光滑、质地硬等特点，不过玻璃砧板质地更硬，容易损坏刀具，要特别引起注意。

想要避免家中砧板成为细菌温床，除一定要了解各种砧板的特性，还有以下三大使用须知应该注意：

🍃 生食、熟食应该分开

最好准备二到三块砧板，一块切生肉、一块切蔬果、一块切熟食，以避免交叉感染，造成食物中毒。

🍃 次次洗、年年换

每次使用后都应立即清洗并且晾干，隔二至三天杀菌一次，并且每年更新木头、塑胶砧板。

🍃 不要迷信"抗菌"产品

如抗菌砧板、抹布或者刀具等。美国疾病管制局曾提出报告说，这些抗菌成分可能影响儿童的免疫系统并导致过敏机会增高，因此不建议使用。

06

7大锅具：
谁安全？谁致命？

在谨慎挑选后，你认为就可以吃到令人安心的食材了吗？不是这样的，还是不能够掉以轻心，因为还有锅具要仔细选择。

许多人都觉得锅只是用来烹煮的容器，用什么锅都没有什么关系，其实并不是这样的。因为一旦选择错误的锅具，不仅可能引起人体中毒反应，严重时还可能有致命风险。

究竟什么锅具最安全？什么锅具最危险呢？其关键就在锅具的"材质"，像是传统的铜锅、铁锅、铝锅，到现代的铁氟龙不沾锅、不锈钢锅、强化玻璃锅和珐琅（搪瓷）锅等，这7大锅具的特点有哪些不一样呢？下表就是7大锅具的比较表，在烹煮前，建议你一定要先了解。

种类	安全性	说明
不锈钢锅具	最安全	最安全的锅具就是不锈钢锅具，虽然导热慢，但是烹煮食物时非常稳定，并且不溶出毒素。且为增加导热速度，目前市场上已研发推出外锅底加铝板，以及内层增加了铝的不锈钢复合锅，兼顾导热好与稳定佳等特点，只是价格相对偏高。
强化玻璃锅具	最安全	强化玻璃锅具即使在高温烹煮中也不会溶出任何毒素，因此也是最安全的锅具。缺点是比较重并且传热差。

珐琅（搪瓷）锅	还算安全	搪瓷锅能耐酸碱腐蚀，化学性能稳定，但是可惜的是价格高并且不耐洗，表面搪瓷一旦受损，内层的铁就容易释出。另外搪瓷锅收边不易，因此使用一段时间之后，锅边缘就会出现稍微锈化的痕迹，这就代表搪瓷已经受损，最好别再继续使用。
铜锅	不安全	铜是最导热的材质，铜做的锅不只有加热快的优点，冷却也快，所以只要锅移开炉火，温度就会很快降低，其特性深受很多厨师喜欢。但铜会和食物起化学反应，且在潮湿的空气中会产生"铜绿"（碳酸铜），因此被认为是一种不安全锅具。
铁锅	不安全	铁锅的蓄热强，可避免温度下降，让食物煮起来更好吃，作为锅具确实有它的价值。但铁锅容易氧化，因此厨师经常会用油来保养铁锅，一般家庭很难使用此方法，便会让铁锅的铁不断溶出，而导致摄取过量的铁，对男性影响会比较明显。
铝锅	不安全	铝锅的优点是导热快，但是由于铝锅烹煮酸性食物便会释出铝，人体摄取之后会加速人脑组织老化、增加阿茨海默症的风险，而烹调时又难免会有水果或者其他酸性物质入菜，因此为健康考量，建议还是少用为好。另外，若有阿茨海默症家族病史的家庭，对铝的吸收会是正常人的100倍，所以绝对不能用。

07 不良餐具：当心毒从口入

当你选择好锅具，烹煮精心挑选的安心食材后，从装盛的碗盘到筷子刀叉，一旦选择不当，餐具的毒素还是会直接接触融入食物中，让你功亏一篑，不可不慎！

瓷器及陶瓷餐具

一般家中经常使用的就是瓷器及陶瓷餐具。陶瓷餐具通常很安全，不过需要注意的是，许多陶瓷中的釉含铅，而铅是有毒的，所以在购买前还是要多加注意。以下是需要引起注意的购买重点：

1 外形是否有破损、斑点、气泡。表面多刺甚至有裂纹的陶瓷，釉中所含的铅容易溢出，不宜做餐具，而修补过的陶瓷，所含的瓷器黏合剂大多含铅，也不宜购买。

2 避免选购内壁有花样的餐具，以防毒素溶解于食物中。

3 低温釉含对人体有害的物质，所以达到1350摄氏度烧制的瓷器最好，未达800摄氏度的陶瓷不佳。

4 挑选有金、银装饰的瓷器时，用手擦一擦，不褪色比较好。

5 若要用于微波炉，必须选用有标示可用于微波炉的制品，以免在使用中发生炸裂。

玻璃餐具

玻璃餐具是安全的餐具，其主要成分为二氧化矽、氧化钠、氧化钙等无机化合物，对人体没有危害。不过需要注意的是，目前市场上的玻璃餐具材质有普通玻璃、耐热玻璃、超耐热玻璃、水晶玻璃、钢化玻璃等多种，虽然都是玻璃，但是各有特性。比如普通玻璃不建议在微波炉中加热，否则有爆裂风险，使用前务必多加留意。

不锈钢餐具

若是优质不锈钢，基本上还算安全。不锈钢餐具包括"18-0""18-8"以及"18-10"三种型号，其中"18"指的是18%的铬含量、8%或10%的镍含量，"18-0"则表示镍含量为0，镍含量高的品质比较好。而除上述不锈钢外，市面上还充斥着假不锈钢，这类不锈钢在使用中可能会有重金属释出，不宜作为餐具。简单的判别方法是用磁铁测试，好的不锈钢含镍量高，所以磁铁吸不住，但是劣质的不锈钢则相反。

木制餐具

木制餐具基本上也是安全的餐具，且轻便不怕摔。需要注意的是，洗净后若没有充分晾干，容易滋生细菌，并且保养不当容易裂开。此外还要注意有些复合材料可能含胶，对人体有害，选购时要多加注意。

竹制餐具

和木制餐具一样，虽然安全、轻便不怕摔，但是却怕潮湿，所以洗净后必须放在通风处，保持干燥，不然容易发霉。

搪瓷餐具

搪瓷餐具还算安全，因为搪瓷能耐酸碱腐蚀，并且化学性能稳定，但是若加工不精细，搪瓷内部的金属便可能释出，所以选购时应多加注意收边并且不可有刮痕。

铝制餐具

不安全，最好别用。铝制品遇到酸便会释出铝，人体摄取后会加速人脑组织老化、增加阿茨海默症的风险。

铁制餐具

不安全，最好别用。生锈的铁制餐具可引起呕吐、腹泻、食欲减退等消化道症状。

塑胶餐具与美耐皿餐具

不安全，最好别用。塑胶餐具最让人担心的就是塑化剂。"塑化剂"属"环境荷尔蒙"，如果长期暴露过量，不但会干扰内分泌，还可能使男儿童出现女性化倾向，女儿童则会出现性早熟症状。然而即使如此，从水壶（杯）、保鲜盒、餐具到婴儿用的奶瓶，家中的塑胶餐具仍然有许多存在。

即便是号称最安全的PP聚丙烯也一样。不过若一定得要用，则务必注意所选购的塑胶类别，对热、酸、碱、油和酒精的耐受力。目前国内的塑胶制品分级，采用的是美国塑胶工业协会塑胶材质分类，由于不同塑胶对耐酸性及耐碱性的能力不同，为避免不知情的情况下，盛装酸性或碱性（如柠檬汁、醋等）食品而大量溶出塑化剂，建议最好使用耐酸及耐碱性比较好的PE或PP材质。此外最好选择各类塑胶的"本色"，以免因染色而导致风险更高。

此外，还要特别注意"美耐皿餐具"。美耐皿耐摔，所以不仅被用来作为儿童餐具，连小吃店也喜欢用。然而很多人不知道，美耐皿的成分其实是三聚氰胺，产品如果品质不良或者使用时有破损、刮痕，便会造成三聚氰胺、甲醛或重金属等物质溶出，进而通过食物进入人体，十分危险。

专家指路，
外出安心用餐

现代人去外面吃东西的比例实在是太高了，出去外面吃比较方便，本章就为外食者提供最佳"防毒"建议，希望可以帮助外食者，减少毒素的摄取，尽量吃到健康、无毒、安心的食材。

01 外食原则1: 趋吉避凶，必知点菜技巧

外食点菜原则，简单来说就是"趋吉避凶"原则，也就是参考前面几章所提到的各类食材选购重点，避免点到容易加药或者遭受污染的食材。若一下子记不住那么多也没事的，只要熟记下列表格中列出来的高风险与相对安全的菜色，就可以掌握基本原则。

风险高VS安全性高的菜色

食材/彩色	尽量不要点的原因
油炸食物	容易致癌。其实不只油炸，只要是高温烹调，如烧烤、煎烤，都会使食物产生多环芳香碳氢化合物（PAH）的致癌物。
糖醋鱼	不新鲜。基于成本考量，餐厅会把新鲜的清蒸，不新鲜的鱼才做成糖醋或红烧等重口味料理。
干煸四季豆、青椒牛肉、鱿鱼炒芹菜、蚝油芥蓝、烫菠菜、莴笋、土豆、黄瓜、南瓜	农药残留特别高。豆类农药残留不合格位于第一位，是所有蔬菜中最危险的，所以除了毛豆之外，所有豆类都最好别吃。另外，芹菜是非十字花科中农药残留含量最高的菜，可以说是农药残留冠军；另外还要注意黄瓜与南瓜，因为农药是从根部吸收，即使去皮也没有用，所以千万别以为去皮就等于去农药，结果反而吃进大量毒素。

续表

虾球	含有硼砂。大多数餐厅的虾球都会浸泡硼砂，使虾球口感更加"爽脆"。
热狗	含致癌的亚硝酸盐。凡是烟熏、盐腌或者添加防腐剂的加工肉品，如火腿、香肠、腌肉和腊肠等，制作时都会添加致癌的亚硝酸盐。
生菜沙拉	寄生虫和细菌感染风险高。

食材/彩色	可以点多的原因
卤海带	含农药少。
竹笋、红薯叶、川七、西红柿、洋葱、茄子、香菇、包菜、红薯	
鱼香茄子	
芦笋、茭白	
香菇鸡汤	
优酪乳	含益生菌，含毒物量低，否则益生菌会死掉。但是便利店经常会有假的活性乳酸菌饮品，里面不含任何益生菌。

02 外食原则2：速食店觅食法则

对于不少孩子而言，快乐吃一餐的意义，可能并不是妈妈的餐桌，而是速食店。虽然已经有很多人认识到这些速食食物含有许多油、糖，且没有办法提供许多营养，然而喜欢速食的人还是不少，甚至自我安慰认为有菜、有肉、有面包，这就不算太差。

根据2005年卡地亚研究团队（Cardia Study）发表于英国医学杂志《柳叶刀》（*The Lancet*）上，一项为期15年的研究发现，每周吃2次以上（含）速食，变成胖子的几率是对照组的1.5倍，若合并每天看电视30分钟以上，则发福的风险增加至3倍；同年，学者裴瑞拉（Pereira）研究进一步证实，不论在速食店选择哪种食物，发福的风险都一样。

另外，米歇尔（Michels）等学者的研究发现，女孩时期吃大量的炸薯条，将会导致成年后患乳腺癌几率增加，因为油炸淀粉食物会产生致癌物质。然而速食店的恐怖当然不仅如此，像是曾有知名连锁速食店被曝出长达数天不换油，甚至使用滤油粉"过滤"回锅油，等于是让消费者吃进了大量致癌物。

尽量不要吃速食，但如果真的不得已，应该怎样点比较好呢？这是现代人不可避免的必要之恶，不妨掌握四大要诀：

1.生菜沙拉：虽然不建议生食，但是生菜沙拉已经是速食店里"相对健康"的食物。记得最好不要加沙拉酱。

2.不含糖的红茶或者咖啡：避免点奶昔、可乐或者雪碧等碳酸饮料。

3.蔬菜多的汉堡：尤其不要点含热狗的汉堡。

4.避免点炸薯条：不只容易发胖，还有致癌风险。

03 外食原则3：慎选餐具，也能减少毒素摄取

健康外食最重要的是选择餐盒。国内过去曾经大力推荐使用免洗餐具，店家可省事不用洗，顾客又认为比较卫生。但事实上，使用免洗餐具不仅不环保，对人体更有不小的健康隐患。

免洗筷，最好别用

免洗筷的材质虽然是竹筷，但是制作过程中经常以硫黄熏白或双氧水漂白，因而使竹筷含有对人体有害的毒素。用免洗筷泡过的水拿来饲养黑壳虾，才短短2小时虾就抽搐，并且在一天内死亡、五天后烂掉，由此可见免洗筷的可怕。

保利龙餐具，严禁盛装热饮、热食

保利龙是由苯乙烯（styrene）为单体聚合而成的聚苯乙烯（Polystryrene，PS），最好能不用就不用，尤其是用来装热饮、热食更是不妥。因为保利龙遇热超过70℃会释出苯乙烯，此物质是世界卫生组织（WHO）认定的致癌物，对人体有很大的危害，中国从2002年起便全面禁用保利龙餐具。

纸餐具，严禁盛装热饮、热食以及含油脂食物

一般人总是以为纸餐具很安全，却不知道其实纸餐具会涂一层防水、防油的塑胶膜，而非食用蜡，所以遇热、遇油一样会释出大量塑化剂。因此建议外食者最好可以自备不锈钢、陶瓷或者玻璃材质的餐盒，可以减少塑化剂的摄取量，就算没有办法自备餐具，也至少避免盛装过热食物。另外，要避免直接以纸餐具盛装食物微波加热，应该先把食物倒入玻璃或者陶瓷食器之后再加热。

此外，还有一种特殊的纸餐具，那就是微波爆米花纸袋，以及速食店汉堡经常用的包装纸。因为纸上会涂一层防油的"全氟烷化合物"，加热后将裂解成氟辛酸，造成怀孕几率降低与肝脏伤害。尤其是微波爆米花时，会因微波的高温导致氟辛酸大量溶入爆米花中，所以能不吃就最好不吃。

塑胶袋、塑胶餐具，严禁盛装热饮、热食以及含油脂食物

经常见的塑胶餐具可分一次使用以及重复使用两种类型。最好能避免使用塑胶餐具，尤其是三号塑胶"PVC聚氯乙烯"与七号塑胶"PC聚碳酸酯"毒性最强，微波加热食材、盛装热食或酸性食物就会释出塑化剂，即使盛装冷食也有危险，所以能不用最好就不用。

另外，需要注意的就是宝特瓶。宝特瓶多采用一号塑胶"PET聚乙烯对苯二甲酸酯"，只要温度超过40℃就会释出毒素，所以不可暴露在大太阳底下，也不可接近热源，当然也不可重复使用来盛装温热水，务必多加留意。

美耐皿餐具，严禁盛装热饮、热食以及酸性食物

再一次提醒外食族，千万不要以为店家使用的是可重复使用的餐具就放心，因为可以重复使用的美耐皿餐具，对人体一样有极大的危害。若真的不得已要用，建议至少应该注意以下几点：

1 选择比较新、没有刮痕、没有印花样的。

2 不盛装滚烫或酸性食物。

3 汤勺、汤匙、筷子不可放于热汤或者正在煮的锅中。

以上是对外食者所提供的饮食建议。总而言之，不管你是自己在家煮食或是外食为主，希望各位读者都能从日常生活中落实以上原则，为自己打造一个健康安全的饮食环境。